最高教養法

心理学者・脳科学者が子育てでしていること、していないこと

認知心理專家
教你把握
孩子
發育關鍵期

杉山 崇——著
藍嘉楹——譯

前言

日本是相當熱衷於早期教育的國家，對「大腦開發」和「智力開發」的關注程度很高。不過，心理學家和腦科學家已掌握的心智與腦部的實際成長狀態，某部分對一般家長而言仍顯得陌生。有關大腦開發和智力開發，不少人打著專家的名號發表自己的看法，但每個人的說法各不相同，互有牴觸。再者，有些從科學角度看來，分明是錯誤的資訊，但某些自詡為專家的人，卻說得振振有詞，一副煞有介事的模樣。事實上，我在接受育兒諮商的過程中，也時常遇到媽媽或爸爸向我訴苦，問「我到底該相信哪種說法呢？」

本書彙整目前可信度最高、有關兒童發展的科學式論點，還有心理與腦科學學者們視為最理想並親身實踐的教養方法。說得具體一點，本書專為各位介紹的是讓普天下的家長們從此不再迷惘與不安，不但有助家庭的和樂，而且孩子在未來的十年、二十年後獲得更大成功的方法。

我身為心理學家，目前研究內容為「融合認知神經科學（腦科學）的新世代型的心理療法」。我以臨床心理師的身分，從事心理諮商的工作超過二十年，其中也包括育兒方面的諮商。

不過，聽到心理學家談起腦部，各位是否會覺得不可思議？在日本，一般人對心理學的認知是文科，而腦科學屬於理科，認為兩者是八竿子打不著關係的兩門學問。其實，精神的基礎，就是無數個「腦部」的神經細胞（神經元）的活動總稱。所以，現代的心理學家們，建立以腦部神經活動的機制和作用為出發點的假說，進行科學檢證和心理療法。按照目前的趨勢而言，心理學和腦科學已經是不可切割的關係。

我本身也是兩個孩子的父親，書中的方法我每天都在實踐。因此，向各位介紹的每一項方法，都是我覺得很理想，實際執行後也得到良好效果的絕招。育兒的知識會隨著科技的發展不斷推陳出新。我想，以目前最完善的方法教育我們的下一代，讓孩子們得到幸福，並擁有最燦爛的未來，是所有父母共同的心願。讓我們一起努力！

杉山　崇

第2章 心理學家・腦科學家推薦的育兒技巧

第3章

心理學家・腦科學家不建議的育兒方式

第4章 心理學家·腦科學家給夫妻的關係經營處方箋

第 1 章

配合腦部發育成長的教養方式

嬰幼兒大腦開發大受好評的理由

據研究，只要從小生長在時常可聽到一流水準小提琴家現場演奏的環境，每個人都可以在6～7歲時成為音樂神童。這種培養小提琴家的方法號稱已經奏效，連知名的腦科學家也曾替它背書。看到這裡，有些人可能不禁在心中開始期待「說不定我們家的孩子也能被培養成天才呢」。

大腦開發和智力開發目前正受到前所未有的矚目。闡明其行動原理的是美國心理學家華生（John B. Watson），早在一百年前便已提出這樣的主張「只要徹底執行符合科學精神的正確方法，每個孩子都能如願成為父母心目中的理想人物」。近年來，隨著科技進步，腦部從胎兒時期的發展機制已經釐清。想必讓迫切期望「不知道有沒有方法可以把孩子教得更好」的父母，想要一探究竟。

為什麼有那麼多父母對「更理想的教養方式」「大腦開發」趨之若鶩呢？我想大多數的理由不外乎「希望自己的孩子將來可以少吃點苦」「希望孩子以後能夠出人頭地」。看著孩子有如天使般的無邪睡臉，「希望你能擁有美好人生」念頭油然而生，因而對開發孩子的可能性和能力的態度轉為積極，是為人父母者很自然的心理。

各位可以從近年的腦科學（學術界主要稱為「認知神經科學」）和心理學，找到許多讓上述的願望成真的線索。從某個角度來說稱得上是值得挖掘的「寶山」。但由於資訊過於龐雜，讓人難以取捨，不知真相為何……。我想這似乎是許多父母共同的煩惱。

後面我會仔細說明，總之，「父母不要猶疑不定」對提高育兒的品質很重要。本書也會介紹闡明遺傳與環境關係的「遺傳行為學」、研究如何不被現代社會淘汰的「生涯學」等橫跨多項領域的資訊，並為讀者彙整目前最新的科學式教養知識。如果選擇有科學背書的方式教養孩子，我相信父母面對孩子時一定更有自信。

不過，我想拜託閱讀本書的各位父母一件事。在研究教養的方法之前，請先確認自己對孩子的愛。這裡所說的愛，指的是「為了保護孩子願意做任何事」的心意。畢竟，即使運用再高超的教養方式，對孩子的愛卻付之闕如，也是枉然。父母愛孩子的心，能夠培育孩子腦部最關鍵的部分。因此，本書為大家介紹的是「父母對孩子的愛＋一般的育兒方法」，再加上「能夠加分」的教養法以及其科學上的根據。另外也會介紹如何增加親子之間的感情的有效方法。

父母望子成龍的心情我了解，但也請各位家長們不要操之過急，一直擔心「如果不快點進行就來不及了」「孩子會吃虧！」因為父母在焦慮之下，無法客觀判斷什麼對孩子最好。而且以長期眼光來看，有時候也不是愈早開始就愈有利。我相信各位一定也不希望讓孩子執著於現在的成果，反而在往後吃了更多的虧。

本書是一心為了孩子的幸福著想的各位父母，最有力的精神後盾。希望各位能看完本書，尋找出最適合自己家庭的教育方法。

一再捲土重來的早期教育

日本在1970年代曾經有段稱為「第一波早期教育風潮」的時期。這波風潮始於索尼集團的創辦人之一——的井深大所提出的主張「上幼稚園再教就太遲了」。提早教育和早期菁英教育在當時也受到注目。

所謂的風潮皆如此，一旦發展過頭，就會在一片反省的聲浪中歸於平靜。在那次風潮中得到的見解稱為「反省知」。不過，日本在1990年代再度掀起了早期教育風潮（第二波早期教育風潮）。可以一路直升到大學的私立幼稚園人氣水漲船高，興起一股「參加幼稚園入學考試」的熱潮。到了2000年以後，隨著所謂的腦科學（認知神經科學）的發達，和腦部發展的過程連結的早期教育方法也開始登場，看樣子，這股風潮直到今天都尚未退燒。

這股風潮之所以沒有退燒的跡象，原因或許是我們很重視嬰幼兒期的教育。但相對的，這也代表我們對早期教育的省思尚未建立。有關早期教育的效果與弊病尚不明確，但我們能做的，大概是根據值得信賴的科學，替孩子找出最適合的教育方式。

早期教育真的有必要嗎？「關鍵期」的真相

除了主張「3歲定終身」（參照132頁）理論，也有許多專家對於腦部的發育成長大作文章，不斷鼓吹「最晚不能超過5歲」「把握1歲之前」「從胎教做起」等讚揚早期再早期的教育效果。這些說法都是繞著「關鍵期」或「敏感期」（critical period）打轉，也就是意識到「學會某些事物的時間界限」。這些說法常伴隨著「過了就來不及」的言下之意，造成父母跟著心急，擔心「不趕快開始，孩子說不定就錯過重要時機了！」但是，這種超早期教育是否真的有必要呢？

當然，我們不能否認關鍵期的存在。不過，所謂的「天生的英語聽力」、「絕對音感」和「好眼力」等，和五感的作用產生關連的能力僅限於一小部分。而且，差異僅止於「有段時期特別容易學會」，並不是已經由科學證實，之後永遠無法獲得相同的能力。

事實上，沒有「過了關鍵期之後就學不會」這回事。掌管記憶的細胞，終其一生都會再生。只要學習的意願不曾衰退，即使上了年紀，人仍然保有學習能力，能夠從經驗學到新事物。好比現在的你也正在「學習」。

重點是不要妨礙腦部的發展。舉例而言，如果抱著「以後要成為鋼琴家」的願景，就有必要從小培養絕對音感。但父母如果沒有不惜犧牲一切，也要幫孩子培養絕對音感的覺悟，那前面所做的努力可能都是徒勞無功。以長遠的眼光來看，心理學最重視的「其他」，正是基本的信賴感和創造性，也就是俗稱的「親子間的情感牽絆」。尤其是童年時期，是腦部面臨「情緒在不安與穩定狀態之間搖擺不定」的過渡期。在這段時期特別容易學會的才藝雖然也很重要，但是，讓孩子享受父母的呵護，在能夠安心成長的環境下自由發展，才是更重要的。關於這點，我將在下一個項目說明。

想到「孩子可能會趕不上」就坐立難安的理由

和好處相比，人通常傾向放大壞處，而且會想辦法避開壞處對自己造成的損害。這樣的心理就是所謂的行動經濟學，以專業術語而言就是「迴避損失的傾向」。舉例而言，假設某個提案所帶來的壞處（損失）是2、好處（利益）是3，那麼整體而言是利多於弊。但是，雖然損失僅有2，人卻會在心裡不自覺將損失放大到4-5。以結果而言，因為一心只想著迴避損害，最後選擇放棄了這個利多於弊的提案。

不論是大腦開發方法或號稱有益的教養法，一旦父母過於心急，也會潛在著「再不開始孩子可能會趕不上」→「一定要立刻開始」，最後導向迴避損失的風險。如果被這樣的錯覺所誤導，可能會錯失真正重要的事。請父母切勿心急，仔細想想該怎麼做才是真正為孩子著想。

停止自尋煩惱篇

如何培養生存力

日本這幾年很喜歡在名詞後面加上「力」這個字，例如「溝通力」「發問力」「遲鈍力」……。日常生活中充斥著這麼多「力」，或許有些父母會開始煩惱「我該讓孩子增加什麼樣的力呢？」

想要解決這個疑問，不妨從日新月異的社會ＩＴ化尋找線索。會被人工智慧取代的職業會不斷增加，是目前可以被預期的趨勢。其中包含運動裁判、美甲師、雕刻師等一般被視為「非得由人工進行」的行業。因此，往後找工作時，只能從無法被ＡＩ取代的職業下手。

那麼，能夠讓孩子在未來發揮一技之長，並且在社會上安身立命，需要哪些「力」呢？為了確保生活的品質，專業技術（例如若從事口譯工作就需要具備語言等技術）、構思技術（企劃力・價值創造力）、社交能力（人際關係的經營力・維持力）是以往被視為很重要的能力。

不過，上述的許多能力，恐怕都會被ＡＩ人工智慧取而代之。以教育而言，就是「能夠發揮所學的能力」，意即「學力」。學力固然重要，但由於可能會被ＡＩ取代，可能不再是無可取代的能力。

另外，構思技術講究的是創造性，想必一時之間還不至於受到ＡＩ威脅。所以，我建議父母讓孩子在童年時期培養天馬行空的想像力和好奇心，以便到了學齡期，能夠化為學力和學習動機的養分。

此外，社交能力的絕對基礎來自家庭，也就是唯有獲得父母的關愛，才能培育出健全的腦部。另外，透過遺傳行為學，已證實協調性和外向程度（經營人際關係的積極度）的培養，深受學校等家庭以外環境的影響。換言之，充滿愛的家庭教育，再配合彼此尊重互助的團體教育，是社交能力的養成關鍵。

與其急著讓孩子接受早期教育，不如讓孩子在充滿關愛的家庭中，盡情發揮想像力。雖然這樣的育兒方式乍看再自然不過，但這就是培養生存力的秘訣。請各位父母和孩子相處時，不時提醒自己社交能力和構思技術這兩項關鍵能力。

情緒智能是左右個人經濟的能力

延續前面的話題，我想要多聊聊有關社交能力。「賺錢的能力」稱得上是生存力的重點之一。然而金錢不是人生的一切。即使有錢，買不到的東西依然很多，例如愛情與信賴。不過，沒有受到財神爺眷顧的人，人生確實會走得比別人辛苦。父母雖然不希望孩子長大以後變得一切「向錢看齊」，但也不想看孩子為五斗米折腰的窘境。

心理學也不斷嘗試闡明「賺錢能力」的本質。例如根據美國的研究，得知智力測驗的結果關係到年收入的多寡。不過，研究另外找到關係比年收入更密切的其他能力。也就是「情緒智能（ＥＱ）」。

情緒智能高的人，即使因課業、工作感到有壓力或不滿，也能理解自己的感受並找到辦法克服。另外，他們也能巧妙掌控自己的幹勁，不論對工作或學業都表現出積極的態度。在職場上，這樣的人能發揮細膩的政治手腕，避免自己陷入不利的情況。以結果而言，他們的年收入也蒸蒸日上，領先同儕。

那麼該如何培養情緒智能呢？情緒智能成立的要素有4項，分別是

①察覺自己和別人的情緒
②理解造成情緒波動的根源為何
③控制情緒
④運用情緒

①和②，可以從「養成思考情緒的習慣」培養。從孩子滿4歲開始懂事之後，建議父母養成習慣，和孩子一起回顧一整天發生的事情，互相討論「那個時候你有什麼樣的感覺？」「你覺得爸爸和媽媽會生氣還是開心？」或者以身邊朋友或繪本的人物為範本，討論他們的感受和心情。

至於③控制情緒和④運用情緒，父母可以在孩子表現出自我克制或忍耐後加以讚

美，或者在孩子面對初次挑戰時，替孩子加油打氣。舉例而言，要求孩子「我知道你想要，但你要忍耐」，即可算是③控制情緒。至於④，父母可以「運用」情緒，讓孩子原本「接觸陌生事物感到恐懼」，轉變為正面心態「接觸沒做過的事情很有趣」。

雖然情緒智能可以靠父母培養，但父母具體的作為也不過是「多和孩子說話」，所以有志讓孩子接受早期教育的父母，可能會覺得和預期有些落差「只要做這樣就夠了？」但是，只要持之以恆，最後一定能看見情緒智能提升的效果。為了幫助孩子打穩人生基礎，使他們未來不至於走上偏路，或為窘迫的經濟狀況所苦，不只學力，高情緒智能也是必要的。如果父母能夠一同積極參與，效果更好！

腦部成長機制・科學篇

與生俱來的遺傳因素和生長環境的交互作用

「我們很努力想栽培孩子，但是我們所做的，到底能得到多少效果呢？」或許是許多父母共同的疑惑與煩惱。我們每個人都是在與生俱來的遺傳因素與生長環境的交互作用下，逐漸塑造出「特有的個性與特質」。無論再怎麼努力，也無法戰勝遺傳的影響，聽起來實在是過於心酸的說法。實際上果真如此嗎？

包含學力和社交能力等所有能力在內，孩子「擅長或不擅長」，都會受到遺傳影響。不過，「不擅長」不等於「一竅不通」。請各位記住，只要是程度在小學普通班的孩子，即使面對不擅長的事，也有能力「做到馬馬虎虎的程度」。當他們遇到不擅長的事情，如果抱著「這一定很難」的心態，就會為自己找藉口，告訴大人「我做不到」。父母最重要的任務是不要讓這種「我做不到」的消極想法，變成孩子根深蒂固的觀念。接著，我將以這個前提，說明該如何看待遺傳的影響，以提升教養的效率。

能力的種類和成長階段會受到遺傳的影響力，大約介於20～90％之間。舉例而言，小學時期的數學能力受到遺傳的影響不明顯，大約只有20％。小學時期的學力，主要的影響因素是家庭環境。數學和自然的成績各有55％和45％受到家庭環境影響；體育、美術、國語和社會等科目成績，受到家庭環境影響的比例是30％以上。換言之，家長若能陪著孩子參與數學解題、國字填空、運動和閱讀、收看教育節目等，孩子的能力有可能大幅提高。

有些數據顯示，有家長陪伴指導的孩子，學力成長較快。換言之，在小學畢業之前，學力的結果取決於父母對家庭教育的投入程度。另外，到了國高中階段，學校等團體的影響力會增強，不過家庭環境對孩子學力的影響，在高中畢業前都仍保有一定的影響力。

兒童智力方面，受遺傳影響較強的是「工作記憶的執行功能」，也就是大腦有效率進行訊息處理的部分。意即所謂的「思考能力」和「智力」。一般認為，這項能力的高低幾乎由遺傳決定。不過，每個人都能夠把此能力提升到一定水準。如果希望把此能力運用在學力和解決課業上，必須學會「如何運用頭腦」。

例如針對國小六年級學生數學能力的研究顯示，遺傳因素對基礎數學能力確實發揮較高的影響力，高達35％，但是對需要看懂題意才能作答的應用題，影響力估計則下降到15％以下。換句話說，遺傳的影響力對於需要腦力的問題影響較小。因此，想要把與生俱來的智力轉變為待人接物的能力，需要教育、經驗或訓練。

「被愛的孩子」更能有效運用「智力」

如上述所言，「工作記憶的執行功能」幾乎取決於遺傳，但是這部份能力的「使用方式」深受後天的影響。工作記憶的執行功能，在馬腦和人腦（參照P32）的連動下發揮作用。馬腦如果不確定自己是被愛的、安全感得到滿足，它所發揮的作用就不是用來解決問題，而是為了確保自己的安全。如此一來，智力方面的表現就會下滑。具體方法我會在第2章之後詳細說明，但提醒各位父母要多花點時間培養馬腦，讓孩子深信自己是被愛的。這點正是孩子的智能是否能夠充分發揮的關鍵。

不過，教育與訓練會遇到兩個無法克服的障礙。

第一個障礙是孩子的成長進度。孩子的腦部發展進度，由遺傳決定。如果孩子的發展進度緩慢，即使想要透過教育來促進發展速度，效果還是相當有限。尤其若孩子個性浮躁、常不聽別人把話說完、不擅長整理東西，時常掉東掉西，這種孩子屬於猴腦、人腦（參照32頁）功能緩慢成長的晚熟型。晚熟型的孩子，從小學畢業到國中階段才開始發展集中力。因此，他們的學力和運動能力，大多從國中後才開始進步。父母可以在小學階段，即使每天只有五分鐘或十分鐘，讓孩子養成習慣，坐在書桌前，靜下來解數學題目或國字填空，以達到培養韌性（參照82頁）的目的。

另一個障礙是遺傳對某些需要特殊技能的職業所發揮的影響。當然，每個人都具備某種程度的能力，只要搭配正確的指導和努力，不論在運動、藝術、學術等各個領域，都可能逐漸發展為「專業級（教練級）」。

不過，想要靠某些技能維生，需要達到超越「專業級」的「更高級別」。能夠產生這種差異的能力因領域而異，但大多數似乎都受到遺傳的強力影響。「天生的品味」和「能夠埋頭苦幹的能力」雖然不是由遺傳決定，但若能配合自己的遺傳特質找對領域，對於未來工作就業無疑會更有優勢。

那麼，如果沒有遺傳而來的能力，讓孩子學習運動或藝術類的才藝是不是白費工夫呢？以結論而言，這些努力在將來都不是白費工夫。舉例而言，一樣是學習踢足球，不過只有極少數擁有「天分」的人能夠成為職業足球選手。話說回來，即使當不了職業選手，但透過足球所培養的自我管理能力和毅力（貫徹到底的經驗），在將來會化為成功的基礎。這樣的能力可以在家培養，但藉由才藝培養的效果更好。

遺傳的影響確實存在。但是，遺傳的力量並不能決定一切，只要調整教養方式，就能改變結果。如果覺得孩子屬於晚熟型，請家長認識到遺傳和教育的相互作用，在家庭教育上更加用心。

家庭教育影響最大的三個部分

①語言

語言是影響教養的最強力因素。有些人即使長大成人，還是很難擺脫小時候講的母語。另外，正如「孩子是父母的鏡子」這句話，孩子對父母說的話，反應很敏感。

②飲食習慣

有些人即使長大成人，依然延續小時候的飲食習慣。另外，人對食物的好惡，會直接反映在用餐時的情緒。舉例而言，小時候被大人強迫吃下某樣食物，因此厭惡那種食物的味道和口感。所以，即使長大之後，還是不敢吃小時候討厭的食物和菜餚。有鑑於此，家長在教育孩子不要偏食時，切記不要過於嚴格！

③（反）社會行動

只要父母和周圍的人，確實教導孩子「哪些是好事，哪些是壞事」，孩子犯罪的機率幾乎是零。唯一的例外是有些孩子會遺傳到「不把社會規範看在眼裡」的個性。這種與生俱來的個性，在青春期到青年期的階段會發揮最強的影響力，甚至有可能引起反社會行動。話雖如此，長大成人之後，童年時期的教育會再次發揮強大的影響力，所以只要在童年時期輸入正確的是非觀念，就能矯正孩子的行為。

腦部成長機制．科學篇

大腦從鱷魚腦↓馬腦↓猴腦↓人腦的演化過程

我想，關心「如何提升智力」「幫助腦部發育」等育兒方法的家長應該不在少數。到底這類的育兒方法，具備何種程度的科學根據呢？以下我將簡單介紹目前已知的有關腦部和智力發展的資訊，請正值育兒期的父母們務必一讀。

我們的身體，目前保持的型態是生物演化的結果。在演化的過程，得到有利於繁殖和生存特徵的生物，才能夠保命和繁衍下一代。我想不用說各位也知道，人類的祖先，是因為演化成兩足直立，以方便使用雙手，因而比其他動物取得優勢，能夠持續繁衍後代子孫至今。

相較於身體，腦部的演化顯得較為特別。其演化並非舊有的腦部改變型態，而是由新的腦覆蓋舊的腦。在演化的過程中，這樣的過程一再重覆。換句話說，祖先使用的腦部目前仍存在於我們的身體。

說到腦部演化的過程，簡單來說，社會形成之前的人類，不論各方面都非常以自我為中心。他們的行動原理只有一項，就是追求「眼前的快樂」。例如「這個真討厭，實在太麻煩了！」「能夠無所事事最棒了～」「就是要狼吞虎嚥才叫吃東西」「可以愛去哪就去哪真快樂」「絕不容許有人來打擾我！」本書以象徵這種「任性而為」精神的鱷魚代表這個階段的腦，稱為「鱷魚腦」。

只追求「眼前的快樂」的腦，後來演化成不只追求眼前快樂，也追求「往後的快樂」。也就是說，腦部已經發展到能夠表現出喜好或好感，例如「感覺不錯，最近去一趟吧」「我超喜歡的！快點過來」，同時也能夠區分代表拒絕和攻擊的事物，包括「好恐怖！別過來」「好討厭，滾開！」我用馬來表示象徵「好惡」的動物，稱為「馬腦」。一旦具備此種腦部的功能，就會形成以愛意為基礎的簡單社會。

腦部的演化並未就此結束，仍持續進行。群體規模的擴大與互助，對生存與繁衍後代無疑更為有利，但社會也相對變得更為複雜。如此一來，腦部便需要跟著社會化。「以和為貴」「大家要互相幫助（協調）」「我比較優秀」「你要尊重我（自尊）」「我贏不了那傢伙」「他到底喜歡我還是討厭我」（自我評價等），都是我們目前極受重視的精神特質。為了以動物代表這樣的社會性，我在這裡稱為「猴腦」。

最後，如果進一步能夠在複雜的事物中找到固定的模式並加以操控，對生存就更為有利了。例如設陷阱捕捉獵物等。最後，腦部終於獲得能夠制定中長期的展望與計畫，並且探索事情背後的模式的能力。演化到這個程度，腦可以思考「架構是什麼？」「如果發生這件事會有什麼樣的改變？」「如果讓計畫實現會如何」。

腦部擁有這些「高級認知機能」——包括思考、判斷、計畫、下決定、洞察、溝通——這是成為人以後才演化而成的，所以我稱為「人腦」。人腦也可發揮壓抑自己的情感和好惡，以及緩和痛苦的作用。

「鱷魚／馬／猴子／人腦」

嬰幼兒在獲得「人腦」之前，依序經過「鱷魚腦」「馬腦」「猴腦」時期。演化方式不是新腦將舊腦取而代之，而是新腦覆蓋舊腦。換言之，人腦之下，還有按照本能生存的鱷魚腦和任性而為的馬腦。因此，我們要把舊腦視為新腦的基礎，細心呵護。

鱷魚腦　衝動、需求、本能的腦

在1歲之前，最重要的是讓腦得到滿足。

・鱷魚腦若得不到滿足，之後很可能會影響其他腦的發育。
・即使是成人，當陷入飢餓等生命受到威脅的情況時，鱷魚腦會其他腦，表現強烈的影響力（減肥後復胖等現象，正表示鱷魚腦已經失控）。

馬腦　暴躁、不安、好惡分明的腦

從0個月大開始運作，但從5個月大～3歲這段時間，若能滿足安全感，等於為社會性（猴腦）打下基礎。1～3歲之間是活動最旺盛的時期。

・會影響情感，所以對能力的展露和社會生活的影響也最深。
・功能會持續一生，會受到猴腦和人腦的抑制。

猴腦　關心他人、社會化的腦開始萌芽

1歲～1歲半之間是猴腦逐漸發揮功能的時期，以「馬腦沒有躁動不安，心情保持愉快平穩」的時候居多。歷經青年期後發展成熟。

・對他人表現出關心，代表猴腦開始發揮作用。請家長對孩子多付出點關懷。
・3～4歲之間，孩子稍微能夠抑制馬腦的作用。關鍵是從嬰幼兒期到3歲為止，不要讓馬腦發揮失控作用。

人腦　思考、判斷、計畫的腦

開始發揮功能的時機點尚不明確，但表象能力（在腦中想像的能力）大約從2歲開始出現。

・推測別人的心理、從2歲～4歲發展出「過去——未來」的概念。
・發育早的孩子，大約在5歲發展出掌控語言的能力；計畫性最早從6～7歲開始發展。
・9歲以後，在心中描繪想像的能力和執行任務的能力，已經發展到近似成人的程度。

我們的腦，存在著鱷魚、馬、猴子、人腦這四層結構。腦部的成長主要依照這樣的演化過程進行。因此，人腦和猴腦在嬰兒時期無法發揮太大的功能，而是由鱷魚腦和馬腦主導。

大家都說「兩歲正是任性的年紀吧」。這個年紀的孩子，雖然會講話也聽得懂大人說話，但是要孩子們配合父母的方便或周圍的狀況，還是強人所難。下次遇到孩子耍賴或表現得任性時，請各位家長趕快提醒自己「哎～他現在還是鱷魚腦吧」「現在還屬於馬的時期吧？」多少會比較釋懷。請家長不要操之過急，和孩子一起享受腦部發育的每個階段。

想要培養「有人性的腦」，兩歲之前絕對需要關愛

各位有想過腦部是如何成長的嗎？

根據最新研究顯示，腦部的成長幾乎依照遺傳模式進行。因此，嘗試加速腦部的成長，似乎是徒勞無功的事。舉個簡單的例子來說，即使讓孩子穿上大一號的衣服，也不可能長得比較高。反倒是讓孩子穿上便於活動的適中尺寸，進行適度運動，個子比較容易長高。腦部的成長也有異曲同工之妙。

不過我要提醒大家一點，「成長並不等於充分發揮功能」。若想要促進腦部成長，必須使其體驗能帶動功能發揮的經驗。每個孩子的成長速度不一樣，但不論對哪個孩子

來說，在滿兩歲之前，父母都必須讓馬腦和猴腦（參照32頁）保持在最適當的狀態。

馬腦會隨時監控自己是否安全。嬰兒無法靠自己的力量獨立生存，所以飽受父母的呵護，也因為如此，他們對世界的認知是「這裡很安全」。曾有研究以沒有得到父母關愛或受到過度體罰的孩子做為調查對象，並以猴子和小白鼠進行養育實驗，結果顯示，如果人類在生命的初期產生「這個世界很危險」的認知，馬腦終其一生會處於隨時監控有無危險發生的狀態，所以很容易失控。如此一來，恐懼感會如影隨形，相對的，也容易導致個性變得粗暴。情況若一直得不到改善，即使當事人具備優秀的才華也無法發揮。

另外，如同前述，腦依照鱷魚→馬→猴→人的順序發展，在舊腦被新腦覆蓋後，共有四層。馬腦若無法保持平穩，自然會影響到外面一層的猴腦（有關社會性的腦）無法順利發育，導致社會生活出現障礙。

心理學有此說法：一個人在幼兒時期對父母所展現的態度，和這個人一生對待其他人的態度相同。當然，經驗並不是永遠不會改變。有研究顯示，態度原本冷漠的人，在與伴侶發展出長期的親密關係後，對他人的態度會漸漸變得友善。

不過，上述情況畢竟只是少數例子，因為假使一個人的個性總是針鋒相對，表現很冷淡，得到理想伴侶的機率很低。

如果希望自己教養出能夠體貼別人、態度友善的孩子，孩子從嬰幼兒期就必須得到父母充分的關愛。

總而言之，在孩子滿兩歲之前，最重要的是讓孩子得到充分的關愛。如此一來，孩子就會得到安全感，產生「這個世界很安全」的認知。不論要培育幸福的孩子、聰明的孩子，這點正是一切的基礎。

讓孩子幸福成長的
家庭教養篇

教養方式要配合腦部成長發育的速度

配合孩子的成長進度，揣測「孩子的腦部現在發展到什麼程度了？」應該是許多父母都會關心的事。腦部發育在每個階段都有大略的標準值可以參考。包含「教養方式」在內，接下來為各位介紹年齡與腦部發育的關係。我會提到「教養方式」的原因在於，道德觀是高功能的人腦功能之一。請家長做好這樣的認知：良好的教養方式，有助於拓展孩子的知性。父母雙方必須做好要以什麼樣的方式教養孩子的共識，請雙方務必針對這點好好溝通。

如同我在前項的說明，在孩子滿兩歲之前，父母的首要任務就是讓馬腦和猴腦得到最適化。請父母包容孩子的一切，不論是優點還是缺點。讓孩子透過這樣的體驗，養成情緒穩定的人格。

猴腦的功能在3歲到4歲這段時間充分發展之後，孩子就能夠理解「賞與罰」的因果關係。也就是說，孩子能夠從父母的表情和情緒，連結自己的行為。如果孩子犯了錯，父母雖然不需要馬上開口責罵，但要立刻擺出「生氣的表情」，讓孩子清楚知道自己做錯了，同時也要確實告知哪些是「不應該做的事」。這個年紀的孩子開始懂事，能夠了解父母所說的話和做的事，所以又稱為「4歲的小天使」。

5、6歲到小學階段的孩子，為了得到大人的稱讚或討父母歡心，口語的表達能力變得愈來愈好。若能順利討父母、朋友和老師的歡心，對這個時期的孩子而言等於就像注射了強心劑，能夠使自信活力倍增。請家長多留意孩子的行為，並且要做到賞罰分明「做好事就稱讚，做壞事就露出不悅的表情」。家長不必擔心「太在意孩子表現會不會養成孩子的依賴心」，也沒有所謂「孩子會失去主動思考能力」的問題。因為另有資料顯示，如果孩子在這段時期沒有得到足夠的關心，對社會化的培養會產生阻礙。

孩子開始主動意識到自我評價，同時思考責任和目標的意義，要等到人腦的功能已經完備的10歲以後。如果在這個時期一再讓孩子受到壓力或者責罵，孩子有可能會對制定目標和負責任產生反感。為了讓孩子有喘息的空間，請父母確立彼此的職責，例如「爸爸負責扮黑臉，媽媽扮白臉」，好讓孩子能夠培養充足的責任感，訂立未來的目標。

幫助孩子能力大放異彩的方程式

孩子具備強烈的行動慾和求知慾，除了「想做什麼」，也會「想知道」。做了什麼事或知道了什麼新知，都會讓他們雀躍不已。這是孩子比成人優秀之處，也是一種能力。希望父母重視這項「能夠悸動不已」的能力，並幫助孩子讓這項能力儘量發展。以下為大家介紹心理學發現的一種方程式，能夠幫助父母實現這個願望。兒童的能力發展方程式如下：

動機（行動意願）＝需求（我喜歡這個）×效力感（做得到！）×誘因（對需求的刺激）

對孩子來說，所謂的需求就是「看到東西很想要！」「這個很好玩！」「我想做這個！」等衝動。說得簡單點，就是「喜歡！」日本從以前就流行一個說法「只要喜歡就會做得好」。運動、技能、知識等都好，能夠讓自己「喜歡上某個領域」也是一種能力。

至於效力感，是只要自己針對該需求採取行動，就能「達到目的！」的期待感。如果不認為自己做得到，就不可能付諸行動，所以，我們在從事社會性或文化性質的活動時，絕對少不了效力感。

最後的誘因，意指原本「我做得到！」的期待化為現實。如果採取行動，卻沒有達到想要的目的，會容易失去動力。一旦確信只要自己付諸行動就會實現，那股快樂的感覺便化為刺激，再轉為「喜歡」，最後讓「想知道、想做」的能力完全展現。有些能力是一嘗試就立刻上手的能力，也有些屬於熟能生巧的能力。所有的動作和知性作業，在一再重覆的過程中，可以建立更為順暢的神經基礎。即使並非出於天性，只要出於「喜歡」而一再重覆，也會變得愈來愈上手。當孩子「我做得到！」的期待實現，與對人生抱持著積極態度有關的內在控制的駕馭感（參照86頁）也會跟著發展。

接著我以具體的例子讓大家更清楚上述的內容。

①假設孩子對鋼琴產生興趣。他對鋼琴的興趣表現在「喜歡」。

②他覺得自己也學得會。這就是「期待」。

③他爬上鋼琴椅，一按琴鍵果然發出聲音。這點會成為「誘因」，刺激彈琴的欲望。如果再加上大人的稱讚，誘因的效果會變得更好。

兒童能力發展方程式在其他領域也會成立，包括對棒球產生興趣，所以試著投球；求知慾強烈的孩子，對火車產生興趣，嘗試記住列車的名字等。從接觸經驗的不斷累積，孩子學到的知識和技能也跟著增加。

為了讓能力發展方程式能夠成立，各位父母能夠協助的部分有兩項。第一是打造具備誘因的環境。如果孩子對某項事物展現興趣，請父母稍微投資一點時間和經費，讓孩子盡情嘗試。為了讓孩子做得到，需要充滿吸引力的誘因。當然嘗試的結也很重要，但父母對孩子的讚美，會成為一大誘因。

孩子的個性大多是三分鐘熱度，所以重點是時間不要嘗試太久。如果孩子對父母鼓勵去做的事情有興趣，父母就會想著「讓孩子多做一點」。不過，孩子的興趣如果真的很強烈，即使要孩子停止，孩子仍會開口要求繼續做。如果是真心喜歡，在孩子意猶未盡的時候喊停，才會產生下次還要做的意願。所以，請各位聰明的父母懂得在孩子失去新鮮感之前先喊暫停，以確認孩子「喜歡」到什麼程度。

另外，為了讓這個方程式能夠成立，父母還有能幫得上忙的地方——替孩子找出孩子可能會「喜歡」的目標。學習目標可能是家人或其他人，需求也一樣可從學習中得到培養。有些「喜歡」是出自本能，但也有些是受到別人啟發，先看到別人做了，自己才動了想做的念頭。舉例而言，很多孩子對智慧型手機都躍躍欲試，或者對媽媽的化妝用品充滿興趣，遇到這種時候，即使父母給孩子幾可亂真的玩具，但只要不是真正的物品，孩子玩一下就膩了。對孩子來說，父母手上在使用的物品才具備吸引力，也是「想要！」「喜歡！」的對象。

除此之外，運動和藝術活動等，也是孩子容易受到父母或身邊大人感染而產生興趣的項目。如果父母希望孩子對運動產生興趣，讓孩子看看觀眾歡聲雷動的運動畫面也是方法之一。孩子對讚美很敏感，所以多放一些頒獎儀式的畫面讓孩子觀賞，或許會帶來不錯的效果。

父母每天陪孩子遊戲的時候，如果隨時意識到這個方程式，應該就可以逐漸發現孩子的興趣所在，又有哪些事情讓他樂此不疲。找到孩子的「喜歡！」，接著在環境裡加入「做得到」「誘因」這兩樣要素，想必就可以讓孩子一展所長，直到他感到厭倦。

雖然我很想宣稱「遵循能力方程式，可以讓孩子能力無限發展」，但是一再重複同樣的事情，會讓孩子的好奇心感到「不耐煩」。孩子明明已經感到厭煩，但父母如果逼著孩子繼續下去，原本的喜歡就會轉為討厭。所以，如果發現孩子已經沒興趣了，請告訴自己「現在要改變培養的才華了」。接著再尋找其他的能力。經過多方嘗試，我相信孩子會重拾「喜歡」也「做得到」的能力。孩子的才華是否能大放異彩，取決於父母是否能找出孩子真正的「興趣所在」，並且提供孩子適合發展的環境。請父母們每天仔細觀察自己的孩子，並且要帶著包容的心去理解孩子。

讓孩子幸福成長的
家庭教養篇

母性本能神話
是對母親的沉重壓力

大家是否知道，所謂的「母性本能」在一九八〇年曾經被視為是純粹的神話？目前已經確認，類似稱為「嬰兒模式」（參照79頁）的養育本能的衝動，其實沒有性別之分，男性與女性皆具有。另外，有關「女性只要一有孩子，自然會感受到成為母親的喜悅，甘願投入育兒的工作」這種母性本能說法，其正確性長年以來一直備受爭議。

姑且不論所謂的母性本能是否存在，但有一點可以肯定的是，如果盲目相信母性本能的說法，對媽媽和孩子都不是好事。母親這個身分，「必須得到身邊眾人的尊重與支持」，才能做的好。

目前找不到根據證實「由於母性本能的力量，只要是有關孩子的事，就會湧出不可思議的力量」這句話是錯的。但是，日本在經濟高度成長期間，很多丈夫都把「育兒的工作完全交給妻子」，因此在這種趨勢還沒有完全消失之際，目前仍有「由媽媽一手包辦照顧孩子的工作」的傾向。殊不知「讓妻子主要負責照顧孩子的工作」的行為，會成為母親的心理負擔，以我的研究室進行的調查當中，過重的育兒壓力，也是媽媽罹患憂鬱症的原因之一。

孩子還小的時候，通常是父母在職場上大有可為、最忙碌的時期，雖然令人覺得無奈，抽不出太多時間陪伴孩子成長卻也是不爭的事實。不過，根據我們的研究，已經找到能夠減輕媽媽的負擔，同時也不會讓爸爸負擔過重的兩全其美之法。實際執行的項目有三項，包括「每天抽出一小段時間，好好聆聽太太說話，不要插嘴」「三不五時帶孩子出去玩」「幫太太代班，讓她沒有後顧之憂，回娘家或和朋友聚會」。只要做到這3點，不但能讓媽媽保持心情愉快，也有助維持家庭的和諧。當然，在如此環境下成長的孩子，沒有不會幸福的道理。

第2章

心理學家・腦科學家推薦的育兒技巧

讓小寶寶多握父母的手指

催產素有助無壓的育兒

我想很多人都聽過「育兒壓力」。照顧孩子真的不是輕鬆的工作。即使知道孩子是老天賜予自己的寶貝，但是原有的生活步調一再被打亂，父母難免還是會覺得有壓力。不過，各位知道有一種宛如育兒救星的荷爾蒙，可以讓育兒壓力化為育兒的喜悅嗎？這種荷爾蒙的名稱叫做「催產素」。

催產素多年一直被視為與生產和哺乳有關的荷爾蒙。但是透過近年的研究得知，催產素具備多種功效；除了緩和不安的情緒、減輕痛苦和壓力，也能活絡腦部活動，豐富社會生活等。另外也可望發揮修復身體，也就是抗老化的效果。而且不只有女性，男性也會分泌。換言之，男性也可以成為催產素的受益者。

在育兒方面，催產素可以發揮活化腦部的「犒賞系統迴路」，誘導我們覺得育兒的行動會變得快樂。催產素若確實發揮作用，原本打亂平靜步調的壓力，反而會轉為喜悅。對孩子而言是非常幸福的事。能夠在由快樂的大人所建立的幸福家庭成長，孩子的腦部自然能健全發展。因此，催產素的分泌，稱得上是促進孩子發育的利器之一。

那麼，該怎麼做才能促進催產素分泌呢？方法很簡單，正值育兒期的父母，只要儘量和孩子進行肢體接觸就會帶來最好的效果。最具代表性的做法是擁抱。

從新生期到9個月大之前，還有一個效果很好的方法——讓嬰兒握住大人的手指。大人用手指觸摸寶寶的手掌時，寶寶會緊緊回握。這種反應稱為「把握反射」，是出於寶寶想要被擁抱的本能。

當然，小寶寶要以如此嬌小的手握住大人的手指，對孩子來說相當費力。不過，如果孩子真的想握辦得到嗎？只有幾公分大小的小手，真的可以握住大人的手指。看到這個畫面，會讓人覺得憐愛、感動，同時感覺內心被幸福佔據。和媽媽相比，爸爸通常和寶寶肢體接觸的時間較少，但是當自己伸出手指時讓寶寶握住時，一定能體會到成為父親的喜悅。而且比起單純只看著孩子，更能得到催產素帶來的助益。

可是，等到孩子長到不好意思再讓大人抱的年紀該怎麼辦呢？我的建議是改為「輕拍」。即使到了孩子進了小學、國中也不會排斥。在孩子升上小學中年級之前，還不會覺得不好意思，我建議家長在孩子入睡時，可以多拍拍孩子，尤其是前胸心臟上方一帶，輕輕多拍、撫摸幾下，效果更好。

請各位父母與孩子相處時，儘量多用一些肢體接觸的方法來增加催產素的分泌。

對腦部造成負面影響的壓力荷爾蒙

小寶寶從媽媽的肚子呱呱落地，首先被賦予的任務是什麼呢？這個問題的提示是小寶寶幾乎無法靠自己的力量活動身體。所以，他的身邊需要可以保護他的大人。沒錯，小寶寶出生後，當務之急就是確認自己所處的環境是否安全？是否有大人保護？在這個任務達成之前，小寶寶會用盡一切力氣確認自己的安全。所以，為了促進寶寶的發育，關鍵在於讓孩子儘早得到安全感。

小寶寶具備能夠辨識大人表情的視力，但是世界在孩子眼中仍是一片朦朧。為了讓孩子確實知道大人的存在，只能仰賴皮膚的感覺。接觸媽媽柔軟的身體，可以讓孩子確實感覺到有人在保護自己。小寶寶之所以喜歡質地柔軟的厚毯子，原因很簡單，因為毯子的質地很像媽媽的肌膚觸感，可以讓孩子得到「有人在保護我」的安全感。

如果寶寶得不到安全感會怎麼樣呢？當嬰兒的腦部專心於尋找安全並亮起危險信號時，會分泌大量壓力荷爾蒙。壓力荷爾蒙對腦部發育會造成負面影響。這樣的狀態若長期持續，腦部有關認知能力和社會性的領域將會難以發展。例如被父母疏於照顧，長期生活在無法安心的環境的孩子，腦部會出現萎縮現象。有鑑於此，提供讓寶寶能夠安心的環境是父母第一件要做的事。

利用「搔癢」，讓孩子知道什麼事不該做

我接到不少這樣的諮詢，「孩子還不會講話，要怎麼讓他知道『不可以這樣做』？」「小孩調皮搗蛋讓大人傷腦筋的時候，是不是要好好罵他？」可見不少父母共通的煩惱。

探索有關這個世界和自己的一切是孩子生來的任務。為了盡可能增加學習的機會，他們的行動油門總是踩到底。只是看在大人眼裡，孩子的行為常常給自己「找麻煩」。例如妨礙大人做家事，或者玩的時候手指被機器夾到、把遙控器當作玩具按個不亦樂乎……。孩子的行動剎車還不發達，所以做出讓父母頭痛的行為是家常便飯。

父母各有工作和事情要忙，無法時時回應孩子的需求。但如果讓孩子接觸危險物品，可能會發生意外。當然父母希望自己能儘量滿足孩子的要求，但有時候也需要孩子適度配合。那麼，家長是不是該教導孩子「不可以這麼做！」

遇到這種時候，心理學家向各位建議的方法是「搔癢」。認真說起來，「搔癢」實在是一種不可思議的現象。自己搔癢自己，一點感覺也沒有，但如果被人搔癢，就忍不住大笑出聲，不能自己。搔癢是一種讓人強烈意識到他人存在的遊戲。搔癢和被搔癢的人，一開始雖然都笑得出來，但是搔癢別人的手如果遲遲沒有停下來，對被搔癢的人會造成很大的壓力。「搔癢」除了是肢體接觸和溝通的遊戲，用在孩子身上，也可以發揮「輕微體罰」的作用。而且不會使身體受傷。父母若能看準時機使用，可以讓孩子學會「不可以做哪些事」。

以下為大家介紹具體的使用方式。重點是「適可而止」。

首先父母要決定希望孩子戒掉的行為。只要孩子一做，立刻執行「搔癢懲罰」。不過，請用遊戲的感覺施行，讓孩子保持愉快的心情。施行的時間長短依孩子的忍耐限度而定，不習慣「搔癢」的孩子大約三秒，忍耐力強的就五秒。重覆幾次下來，只要大人擺出「我要搔癢你」的架式，孩子就會停止目前的行為。

靠著搔癢這一招，大多能順利讓孩子戒除大人希望他們不要養成習慣的不良行為。

請用這種「帶有幾分遊戲」感覺的方式，讓孩子知道大人要孩子停止現在的行為。

讓育兒變得愈來愈快樂篇

玩「捣臉躲貓貓」的遊戲

同時培養安定的情緒與展望力

「捣臉躲貓貓」在英語稱為「Peek a boo」，是一種幼兒常玩的遊戲。玩的時候，當大人看到孩子的笑臉，自己也不禁跟著笑顏逐開，因此這個遊戲在世界各地都很受歡迎。只要時間許可，請在孩子玩膩、不想玩之前，和他一起多玩幾次。

這個遊戲從寶寶滿4～6個月大就可以開始玩，一直玩到3～4歲都沒問題。或許孩子長大後不記得，但是我相信家長和孩子遊戲的當下，也會得到重溫童年的樂趣。以大人的觀點來看，這是個非常簡單的遊戲，但是各位是否想過它為什麼會這麼受到孩子歡迎呢？

這個遊戲包含了兩大心理學的要素。

第一是培養孩子的預測能力，也就是展望力。現代社會的生活步調緊湊，能夠預測下一步和無法預測下一步的人，兩者之間的境遇將大不相同。「捣臉躲貓貓」的玩法很簡單，大人只要一直重複躲起來再現身的動作就好。如果大人躲起來的時候，孩子對「捣臉躲貓貓」失去興趣，或者把興趣轉移到其他事物上，這個遊戲就玩不起來。孩子要從躲起來的大人身上，產生「等一下還會出來，等一下還會出來！」的期待感，並且願意等待，這個遊戲才能成立。換句話說，享受「等待過後，期待就能成真！」的樂趣正是這個遊戲的精髓。

我們的腦部有這樣的迴路：也就是把「原本想像的事情得到確認」當作「犒賞」。當期待成真，可以刺激在腦中預先想像的喜悅。請各位家長多利用「捣臉躲貓貓」來刺激這個迴路，替孩子奠定展望力的基礎。

第二項重大意義是獲得心理學上的「對象的恆常性」。對孩子而言，大人不單只是保護自己，也是讓自己得到快樂的寶貴對象。如果自己愛的人離開自己……對人而言，這是最恐懼的事情之一。即使愛的人暫時離開自己，但最後一定會回來。能夠如此確信，就是所謂的對象的恆常性。

當我們相信我們愛的人「一定會隨時在自己身邊」，此時，自然會保持平穩的心情。相反的，假設每當我們看不到自己愛的人，心裡會浮現「他會不會不回來了」「說不定以後再也見不到面了」等念頭，這時的心情又是如何？應該是傷心難過，感到坐立難安吧？

「摀臉躲貓貓」的遊戲讓大人重複消失又出現，透過這樣的循環，有助讓孩子培育出「父母一定會為了我回來」的信賴感。信賴感能夠培養情緒穩定的孩子。所以，請父母多抽點時間和孩子一起玩「摀臉躲貓貓」。

工作記憶讓「摀臉躲貓貓」發揮更大的效果

玩「摀臉躲貓貓」時，孩子的期待感仰賴「維持記憶一段時間的能力」=「工作記憶」。所謂的工作記憶，是支撐「智能」的基本系統之一。刺激工作記憶，對培養孩子的智能能帶來正面影響。

確認「原本的期待」和「實際發生的事」的差異也屬於工作記憶。所以工作記憶對意外性會經常做出反應。父母如果想提高「摀臉躲貓貓」的效果，重點是在遊戲的過程中，「結果和期待一樣」和「有出乎意料的地方」要保持適當的平衡。說得具體一點，大人再次現身時，樣子最好和剛才有點不同，例如扮個滑稽的鬼臉，或改變姿勢，這樣就能保持恰到好處的期待和意外感。兩者若能取得巧妙的平衡，孩子會更開心。

讓育兒變得愈來愈快樂篇

把孩子興趣缺缺的繪本和玩具放在隨手能拿到的地方

大家是否有過這樣失望的經驗「特地買了這麼有趣的書，沒想到孩子連翻都不翻！」父母替孩子選書時，想必都是花了一番心思。同時也抱著「孩子應該會喜歡吧」「希望能養出這樣的孩子」的期待才把書買下。所以，如果看到孩子的反應不如預期，難免會覺得有點失望。

不過，當同樣的情況發生在心理學家身上，他們不會很乾脆地放棄「我挑的書可能不合孩子的喜好……」，也不會馬上把書收起來。即使孩子現在不感興趣，但打造讓孩子被書本環繞的環境很重要。

孩子的腦部的神經元（神經細胞）會接受來自外界的刺激以建立網路。刺激若一直持續，對應此刺激的網路便會形成。刺激的量和網路的密集度成正比，所以讓孩子處在充滿「良好刺激」的環境很重要。

為孩子製作的童書，都是兒童發展專家、專營童書的出版社、創作者等用心匯集「良好刺激」所編撰而成。書裡面有許多有助於把孩子的腦部網路導向正面方向的良好刺激。即使孩子不是馬上產生興趣，但只要把這些書放在孩子容易拿到的地方，總有派得上用場的時候。

孩子的興趣和喜好常常在變。連帶的，神經元的網路也隨時重新組合。拿書給孩子看的時候，或許不是馬上感興趣，但看久了，說不定哪天突然就產生好奇心了。等到父母想要確認孩子在做什麼的時候，才發現孩子正看著津津有味的情況並不少見。

同樣的情況也適用於玩具。父母興沖沖的給孩子買了新玩具，但孩子可能沒興趣，或是用自創的玩法玩，而不是用玩具原本設計的玩法玩。即使告訴孩子正確的玩法，玩具不是被孩子當作腳踏墊，就是被當作球亂扔亂丟……。大人看了一定覺得失望又心疼。不過，只要玩具沒被弄壞，終究有機會受到孩子的青睞，以正確的玩法好好玩。

不論書還是玩具，即使孩子現在不感興趣，但只要放在孩子身邊，終有一天會引起孩子的注意。

父親是孩子最好的玩伴

與孩子未來社會性發展和年收入的關係

「爸爸工作很忙」這樣的家庭是現代社會的常態。在工作表現活躍是身為男性的一種價值，也會贏得妻子和孩子的尊敬。不過，真正的「能幹爸爸」，即使忙於工作，也能兼顧孩子的成長，幫助孩子發展得更順利。

「爸爸效果」能帶來的正面影響很多元，除了幫助孩子不容易誤入岐路、在課業上表現優異、在學校維持良好的人際關係，孩子會具備挑戰精神和良性的企圖心，以後不但有較高的機會能找到一展長才的工作，婚後多能建立幸福和樂的家庭等。更重要的是，另有研究顯示這些充滿自信感的孩子，成年後除了擁有較高的年收入，成為父母後，對孩子的關愛程度也更高。有鑑於此，爸爸對育兒一定要抱持著更積極的態度！

話雖如此，許多爸爸必須為工作疲於奔命是不爭的事實。尤其是孩子還小的時候，正好是許多爸爸在職場大展身手的黃金工作期。爸爸即使有心和媽媽一樣，對孩子付出同等的關心，卻很難抽出足夠的時間。那麼，爸爸究竟該怎麼做呢。

答案是從「只有爸爸辦得到的地方參與育兒」。例如要和孩子玩「飛高高」的遊戲時，相較於媽媽，爸爸通常是更好的人選。因為爸爸的力氣比較大，讓孩子感覺更加刺激。所以，像這些「不是父代母職」的地方，而是只有爸爸才辦得到的部分，請各位爸爸多多把握。

另外，一起去旅行等日常生活之外的體驗，也能帶來很好的效果。大多數的爸爸在外時，即使不在工作，也會不自覺的以工作時專業得體的態度示人。孩子看到爸爸的舉止，能夠感覺到在家和對外所表現的不同態度，也能自然學到何時需要表現有禮，何時可以不拘小節。如果時間不夠，當天來回的小旅行或半日遊也有同樣的效果。

除此之外，和爸爸一起玩的鬼捉人或探險遊戲，都會讓孩子覺得更刺激，更有活力。另外，讓孩子一起參與爸爸擅長的領域，例如工作和DIY等，也會帶來很好的效果。

如同上述，即使時間不多，但父親懂得向孩子表現自己的存在感，同時促進「爸爸效果」很重要。請父母一起好好思考，有哪些部分是「爸爸」能夠多協助、多替孩子做的。

讓育兒變得愈來愈快樂篇

「兩歲惡魔期」，給予孩子成功的體驗

大家是否有聽過「兩歲的小孩是小惡魔」的說法？英語的說法是「Terrible Twos」。這句話所表現的是兩歲孩子的「強烈自我」。面對自我意識愈來愈強的兩歲孩子，相信應該有不少父母都覺得很傷腦筋。

負責抑制行動和需求的腦部功能，在兩歲左右尚未完全發達。腦部的控制系統，發展得快的孩子從3歲左右，一直到青春期為止會逐漸發育成熟。體力和續航力也同時不斷發展，所以孩子的要求會變得愈來激烈，顯得很煩人。這就是看在大人眼中，「兩歲的小孩是小惡魔」的原因了。

不過，兩歲以前的發育期，蘊藏了孩子成人後，是否能在社會上取得成功的重要關鍵。

當父母面對兩歲的孩子時，或許會忍不住感嘆「嬰兒時期明明那麼乖，又可愛」「以前明明像小天使一樣」，其實嬰兒的自我反而更強。從呱呱落地的那一刻起，就展現出強烈的自我。只不過是嬰兒欠缺表達能力，而且又忙著觀察周圍，所以讓人誤以為嬰兒時期的自我並不強烈。「強烈的自我」開始變得明顯，表示嬰兒已經成長。

換個角度來說，我們也可以把這樣的成長視為從「為了瞭解世界的觀察局面」進入「設法在世界上達成目的的局面」。這種局面的轉變，有沒有讓各位聯想到什麼呢？沒錯，剛好和創業的過程一模一樣。兩歲的孩子已經懂得從收集資訊的階段，進入採取具體行動的階段。雖然孩子的行為顯得笨拙，但是兩歲的孩子，已經能夠憑自己現有的能力，擬定為了達成目標的策略。他們已經從被動轉為主動，開始為了結果而奮鬥。

大家難道不覺得很厲害嗎！希望各位務必在教育上重視這一點，讓孩子養成主動做某件事的意願。

為了培養這樣的意願，接著為各位介紹以心理學為出發點的重點。兩歲小孩的腦部，已經有基本的因果概念，也就是能推測「自己做了什麼事之後會發生什麼？」。如果孩子一再體驗到「自己不論做什麼都不會有事發生」，就會把這個體驗當作法則。並且得到「不論做什麼都是白費工夫」的教訓。所以，請盡可能讓孩子體驗「付諸行動後，我達成了目標！」這種效力感。

不過，父母也有自己的正事要忙。媽媽煮飯煮到一半時，孩子卻跑過來要人陪他玩，想必一定大傷腦筋。搭乘捷運或坐車時，如果孩子說想要走出車廂或下車，大人也不可能讓他如願。遇到這種時候該如何是好呢？

答案很簡單，只要在「情況允許的時候」讓他體驗到成功的經驗就好了。事實上，和只要孩子每次採取行動，都能如願的成功體驗相比，讓孩子一再體驗「有時候會成功，但有時候會失敗」，毋寧更能夠引發採取行動的意願。這種情況稱為「變動比率增強」，是心理學上很知名的理論之一。一再累積這樣的體驗，孩子的執著度也會變得更強。當然，如果孩子對賭博等不良嗜好過於執著，一定很讓人頭痛，但也必須讓孩子學會「不要輕易放棄」的道理，以強化他的精神面。因此，和「百戰百勝」的體驗相比，更重要的是讓孩子一再體驗到「也有無法成功的時候」。

家有兩歲孩子的父母，常常因為孩子的主見過強而大傷腦筋。本書也會介紹這段時間的具體對策（160頁等），不過還是請各位家長要密切注意兩歲孩子的腦部發展；觀察的過程雖然辛苦，但想必能找到育兒的意義。「付諸行動的意願」「追求目標的強烈堅持」「不要輕易放棄」是家長從孩子兩歲起就可以開始培養的特質。

讓育兒變得愈來愈快樂篇

利用獎勵與讚美，培養希望孩子養成的習慣

以「塑造」採取逐步進階的行動

天下父母心，總是會對孩子產生許多期望。以口語向孩子表達父母的期望是一種作法，但這種方法適合自覺性強的孩子。如果孩子的年紀不夠大，對於複雜事物的口頭說明恐怕很難理解。遇到這種時候，心理學家是怎麼做到的呢。

「塑造」（shaping）是心理學常見的技巧之一。簡單說就是設定最終目標，逐步採取讓目標能夠達成的行動。將此技巧運用於教養孩子，具體作法是只要孩子的行為接近父母的期望，就算只有一點點，也要獎勵和讚美。換句話說，是逐漸把孩子的行為誘導到父母希望的行為。

以下以「穿衣服」為例。

第一步是示範給孩子看。由爸爸或媽媽替孩子示範穿衣服的流程。假設是爸爸示範穿衣服，那麼媽媽就開口稱讚「爸爸換衣服好快啊！」「太厲害了～」

有些幼兒節目也會播出孩子學習生活自理能力的情形，家長不妨好好利用。方法是看到這些畫面時，向孩子喊話「你看那個孩子好厲害」「你也可以自己穿衣服吧」，通常會帶來很好的效果。

下一步是只要孩子做出和「穿衣服」有關的動作，例如「打算脫衣服」「把衣服拿在手上」「把衣服拿在手上作勢要穿」，即使完全只是湊巧，請父母搶先開口讚美他「你好棒喔～」

對孩子來說，沒有比被稱讚更開心的事了。所以，只要孩子一表現出「類似穿衣服」的行為，父母記得要大力讚美他「你想自己穿衣服吧，好厲害喔！」多講幾次，雖然不是一蹴可幾，但孩子最後會慢慢學會自己穿衣服。

這項技巧的應用範圍很廣，從筷子的用法、個人衛生清潔的習慣、讀書的習慣、幫忙做家事，乃至學習才藝等都適用。和有沒有自覺、努力和耐性無關，只要採用這個技巧，孩子的表現就會愈來愈符合父母的期望。

等到孩子再大一點，記憶力也更清楚之後，家長即使改為事後回溯的方式讚美「你那個時候這麼做很棒唷！」，也有同樣的效果。只要父母願意付出，就能把孩子引導至正途，如果錯過「塑造」技巧就太可惜了。請務必實踐看看！

「自然體驗」要量力而為

重點並非是「自然」，而是「體驗」

我想各位應該都聽過「歷經自然體驗的孩子比較聰明」的說法。自然體驗是否具備這樣的效果，尚未得到科學證實，不過就「神經元受到刺激就會發達，變得更為複雜」這一點而言，自然體驗不是毫無意義。自然有時會對孩子造成良性的刺激，所以讓孩子多多接觸大自然是好事。

話雖如此，為了接觸大自然，要大人帶著年紀還小的幼兒到營地露營實在很辛苦。孩子在車上無法全程保持安靜，更何況要遠遊外宿，必須準備的用品就更多了。如果父母的興趣剛好是戶外活動，或許帶著孩子一起出遊就不覺得那麼辛苦，但如果不是，執行上一定相當費力。當然也可以選擇旅行社等企劃好的套裝行程，但價格非常昂貴。但即使是為了孩子的將來，父母是否有必要在超出能力的情況下讓孩子參加自然體驗呢？

就結論來說，如果執行上有困難，家長沒有必要勉強自己一定要讓孩子接受自然體驗。自然體驗的重點是「展開一場巨大的探險」。大自然有永恆不變的一面，也有瞬息萬變的時刻，所以隨時都有新發現。

舉例而言，葉子的形狀五花八門，大小也各有不同，枯萎和生長的情況也各有各的模式，還有會不會被蟲咬的差異等，耐人尋味之處難以一一盡數。而且我們只看得到植物露出地面的部分，藏在地下的部分看不到。這也讓孩子有機會培養想像力，想像「地面下的模樣又是如何？」

話說回來，如果只是要透過體驗達到這樣的目的，在街上也到處都是機會。例如從社區和大樓的草坪與植栽、公園的草叢，都能夠感受到四季的遷移。父母若勞師動眾的帶著孩子上山下海，無疑會增加許多負擔。負擔一多，原本該有的閒情逸致也會減少幾分，反而容易忽略了更重要的事。

在市區進行自然體驗，對孩子而言已經是很充足的刺激。即使沒有帶孩子出遠門，上山下海，只要父母帶著孩子走訪近在身邊的自然環境，一起尋找讓人開心的新體驗便已足夠。**或許父母真的能和孩子一起，從平常從未注意的樹上或地上找到前所未有的發現呢。**

在孩子滿6歲之前當作「寶貝」呵護珍惜

培育孩子「好好愛自己」的心

在責罵與寵愛之間舉棋不定，擔心「我應該容忍孩子耍賴到什麼程度？」「我是不是應該對孩子嚴格一點？」這樣的父母很多。其中，「如果沒有從小就對孩子嚴格，他以後會不會變媽寶？難成材？」更是許多父母共通的煩惱。讓我們一起想想，如果從小不對孩子嚴格教育，孩子長大後真的會變成魯蛇嗎？

身為臨床心理師的我，在育兒諮商的過程中談到這個問題時，我都會告訴家長「在孩子滿6歲之前，請讓孩子覺得『自己被當作寶貝』」。從好幾種心理學的研究結果，我們得到了「若受到其他人的重視，每個人都會懂得珍惜自己」。尤其是孩子，是否在父母呵護關愛下成長，將深深影響孩子「是否會珍惜自己」。

當然，這裡所說的把孩子「當作寶貝」，並不是讓孩子為所欲為，不受到任何限制。而是只要孩子能夠完成某件事，大人就不吝讚美，孩子他不斷成長。例如「你走得好好耶。好棒～」「你可以自己刷牙了嗎？太厲害了！」「你好棒喔，會排隊了」「你已經照著媽媽的話做啦。好乖喔」。目的是透過這樣的體驗，讓孩子產生自我肯定感「我可以把事情做得很好！我可以得到稱讚。我是受到重視的寶貝」。「以讚美來教育孩子」常常受到正面的評價，其實背後隱藏著上述的心理學原理。

能夠感受「我是寶貝」，感覺一定很好，重點是讓孩子把這種很好的感覺視為「理所當然」。一旦失去這股被視為理所當然的良好感覺，心情一定急轉直下。兩者之間的落差愈大，「想要避免這樣的不愉快」「想要恢復原本的好心情」的動機就會變得愈強。這裡所指的動機是「強烈的意志與意願」。換句話說，為了保護自己的寶貝（良好的感覺），人會變得強大，也願意付出努力。

在日本，孩子滿6歲要進小學。日本的教育系統，容易讓同齡的孩子互相比較，造成優越感和自卑感的產生。這個系統的前提是「努力」，孩子因不想低人一等而努力上進。換言之，如果孩子無法擠身「你會做〇〇耶。好棒喔」的世界，就會淪落到「你不行！」的世界。

如果孩子放棄，接受了「我就是不行」的認知，會造成什麼結果？既然覺得「不行也沒關係」，等於不需要繼續努力，這麼一來，本來孩子能夠做到的事，也會變得做不到。

總而言之，以日本的教育系統而言，孩子是否能夠成長的關鍵點在於，如果被當作「無能」，孩子是否會感到厭惡並進而改變。有關教育系統的優點與缺失，各方的意見分歧，但畢竟是一般社會所採用的系統，父母應該要善加利用才是合理的做法。有鑑於此，請在孩子滿6歲上小學之前，讓孩子養成自信「我是值得讚美的寶貝」。

6歲之後的課題～勤勞VS.低人一等的感覺

心理學認為6歲之前的「你會做〇〇耶。好棒喔」，屬於「自律性」和「主體性」的課題；6歲之後所產生的自卑感有關的主題，稱為「勤勞」的課題。日本幼稚園一般的教育方式是讓孩子在自由玩耍中學習。基本上，老師都會不吝於讚美孩子。孩子即使達不到老師要求的標準，也不會受到為難。但是，一進入小學，達不到標準和達得到標準的孩子會互相比較，使前者嘗到我不如人的感覺。這裡的重要規則是「只要孩子能做到要求的標準，就能得到稱讚」。從稱讚所得到的喜悅，會超過感覺自己低人一等所帶來的不悅感。一再重複這樣的體驗，讓孩子養成「達到標準所感受的喜悅」，也就是勤勞，是孩子從入學到高年級為止的發展課題之一。

培育「成功的孩子」祕訣篇

多與寶寶眼神交流

寶寶的腦部對眼神接觸反應強烈

小寶寶為什麼看起來這麼可愛呢？人類的基因原本就設定一看到小嬰兒，就會油然而生一股幸福的感覺。這種本能稱為「嬰兒基模（Baby Schema）」。

這種本能的作用力很強，連年僅2～3歲的幼兒只要一看到新生兒，也會忍不住興奮大叫「是小貝比耶！」即使是自己完全不認識的小嬰兒，但是他們天真無邪的眼神還是讓人不捨得移開視線。而且嬰兒的笑容具備強大的感染力，看到嬰兒微笑，大人也不禁跟著露出笑容。新生兒的視力微弱，但還是能辨識大人的表情。已經得知的是小嬰兒最喜歡笑臉。笑臉會召來笑臉……我相信這段親子交流時期，一定讓人感受到滿滿的溫情。

但是，假設大人沒有露出微笑回應小嬰兒會怎麼樣呢？

透過實驗證實，當母親面無表情，小嬰兒會陷入恐慌狀態。沒有母親就無法活下去的小嬰兒，當他們看到媽媽臉上面無表情，會覺得自己陷入絕望。目前已經得知這樣的狀態若一再重複，部分的腦部會開始萎縮。

但是，親子雙方以笑臉互望，不只會讓內心充滿幸福，還隱藏著更深層的意義。

因為互相凝視對望＝眼神交流。眼神交流是一種能夠發展嬰兒「社會腦」的刺激。在雙方互望的過程中，腦部「額葉前端」這個區域會受到刺激。大腦這個區域的功能除了洞察他人的心情變化，在理解「別人的想法和我不一樣」上也扮演著重要角色。能夠理解別人的想法，是培養社會性的基礎。總而言之，和小嬰兒互望能活化孩子的大腦額葉，連帶促進社會性的發達。

值得注意的是，眼神交流的時間不是愈長愈好。如果太長，腦部在持續反應的情況下會感到疲勞，所以有些小嬰兒並不喜歡。尤其是等到嬰兒滿3個月大，視力已經發達，對眼神交流的好惡似乎更因人而異。不過，即使興趣缺缺，小嬰兒也不會拒絕與大人眼神交流。所以每次交流時間不必過長，但請父母一定要以笑容與寶寶對望。

「新生兒微笑」是為了生存

雖然很多人都以為滿3個月大之前的寶寶，臉上的表情還不是很明顯，不過每個寶寶都具備所謂的「新生兒微笑」。這個微笑的機制是即使腦部沒有感到喜悅，但是藉由臉部的肌肉收縮，會產生嘴角上揚的笑臉。可愛的笑臉會吸引周遭的注意，激發出想替他做些什麼的念頭＝提高生存的機會。這是人類與生俱來的能力。

話雖如此，各位不必就此失望「原來寶寶在笑，並不是因為他很開心」。嬰兒模式和新生兒微笑有相輔相成的效果，所以只要和小寶寶在一起就會覺得很幸福。請各位家長充分享受這種嬰兒時期的幸福。

深信「我的孩子一定會成功」

培養「韌性」的秘訣

俗話說人生不如意之事十常八九。為了在人生中獲得成功，即使在嚴苛的情況下，也能找到機會的心理恢復力（韌性）是必備條件。不過，約有65％的日本人，屬於天生對風險的敏感性高於機會（消極的類型）。總之，在逆境中不會就此悲觀，而能靜待時機再起，這樣的能力該如何培養呢？

為各位介紹一位值得效法的對象——美國好萊塢影星米高．福克斯。福克斯是一九八〇年代最具代表性的影星，主演作品包括《回到未來》等。但是，他在28歲那年罹患了難癒的帕金森氏症，在一夜之間，從頂級的當紅明星變成了難癒疾病的患者。如果是你，心中作何感想呢？難道不是就此對人生感到悲觀嗎？

但是，福克斯採取的作法是徹底調查疾病的資料，最後以飾演帕金森氏症患者的角色回歸影壇。除了情境喜劇《米高福克斯秀》，他也曾參加奧運開幕式的演出；演藝工作之餘，他還成立研究帕金森氏症與支援患者的基金會。

聽了福克斯的例子，各位覺得怎麼樣？一定覺得他的復原力實在太驚人了。心理學把這樣的復原力稱為「韌性」。大家是否也希望「我的孩子如果也能培養這樣的能力就好了」？事實上，有科學家為了解開福克斯的韌性之謎而進行了研究。

科學家首先關注的是福克斯的基因類型。研究之前，科學家原本預測福克斯應該是擁有個性大膽的基因（積極型）。但是，結果是介於大膽與慎重之間的中庸型；在積極型佔多數的美國人當中，他的基因容易被人認為是個「謹慎過頭的怪人」。事實上，他小時候也曾被周圍的人當作怪人。換言之，福克斯的基因類型不是「遇到危機時會變得大膽（積極）」，也就是說他的韌性並非與生俱來。

接著關注的是福克斯的生長環境和思考模式。在調查過程中，祖母的影響力尤其受到注目。她在福克斯與身邊的人相處不順利時，仍未對他失去信心，並且不斷鼓勵他

「你將來一定會成功」。科學家們認為祖母長期以來的鼓勵，促使福克斯養成「在悲觀時要尋找機會」的習慣。

大人必須教導孩子明辨是非，如果一味要孩子保持樂觀積極的態度，或許不是好事。但是，父母對孩子具備充足的信心，總是告訴孩子「你很聰明」「你會成功」「你的願望都會實現」，等於在無形中幫助孩子培養韌性。希望各位也能效法福克斯的祖母，讓孩子培養更多的勇氣。

積極型基因與消極型基因

如前述所提，人的基因有積極型和消極型兩類。前者的特徵是使個性趨於樂觀且容易變得大膽的腦內物質較多，後者則是較少。因此，前者如果掌握機會放手一搏，比較容易獲得成功；後者則出於謹慎的個性，當他置身於風險高的環境時，他的優先考量通常是如何生存下來。前面已經提過，日本人有65%屬於消極型的基因，約有30%屬於中庸型、3%屬於積極型。

擁有積極型基因的孩子在日本很少見，而這個類型的特徵是遲鈍、大膽。所以容易做出危險的舉動，甚至還會波及別人。就日本的世俗觀念而言，這樣的孩子在人群中常顯得鶴立雞群。這類型的孩子在小時候很可能常常闖禍，惹事生非，但請父母還是要常常鼓勵「你一定會成功」，幫助孩子培養更多的勇氣。

培育「成功的孩子」祕訣篇

回應寶寶的牙牙學語

育兒心態是「有做就會有回應」

「牙牙學語」是兒童發展語言的一個階段，常用來形容這段時期小寶寶特有的發音。大多數的小嬰兒，到了2～3月大以後都會發出聲音。雖然他們發出的聲音還稱不上是語言，但是本質上和動物出生沒多久後就會發出的「咩咩聲」等完全不同。嬰兒發出聲音是出於自發性。而且嬰兒的牙牙學語期會持續一段時間，短則幾個月，長則一年左右。對缺乏溝通手段，只會哭和笑的小嬰兒來說，這是很重要的溝通工具。

我想，各位父母應該都曾在育兒書上看過，熱情回應寶寶的牙牙學語有很多正面影響，包括使親子之間的情感聯繫變得更緊密。

不過，不論哪一本育兒書都沒有提到的是，為了培養將來會成大器的孩子，回應寶寶的牙牙學語是很重要的一環。就心理學的觀點來看，回應寶寶的牙牙學語，可以讓孩子培育出有助未來獲得成功的心靈。這裡所指的心靈，在心理學上稱為「內在控制（Internal control）」。

內在控制，意即對於「自己一旦做了什麼會導致何種後果」能夠有所認知，也稱為行為和結果的「相關性認知」。這項認知的存在與意義，已透過研究得到證實，這項研究的對象是「每個人都公認有能力，但不論以何種方式勸誘他，都不會付諸行動的人」。

換句話說，人們即使擁有再強的能力，只要不確定「我做了這件事就能改變什麼」，就不會付諸行動。如果父母希望孩子將來獲得成功，應該從培養孩子的內在控制感著手。

那麼該如何培養呢？心理學家們發現家中排行老大的孩子，內在控制感相對比其他排行的孩子高。一般而言，老大是家裡的第一個孩子，所以父母對孩子的教育顯得很積極。例如父母心裡會很期待「好希望聽到孩子快點開口說話」，因此只要聽到孩子發出聲音就一定會回應。一再重覆之後，孩子能夠確信「只要我發出聲音就會得到反應」↓「只要自己做什麼就會發生什麼事」，連帶使內在控制感也得到培養。

相對的，生了第二胎之後，父母已經對育兒駕輕就熟，所以和老大相比，似乎傾向讓孩子自由發展的情況較多。這樣的轉變實在很可惜。請父母對家裡所有的孩子一視同仁，不論是哪個孩子，同樣積極回應牙牙學語，以助內在控制感的培養。

內在控制感很容易和「什麼事都會如我所願」以自我為中心的心態混淆，其實兩者截然不同。簡單來說，只要孩子能夠確信「雖然結果不一定如我所願，但只要去做就會有所改變」就足夠，重點是讓孩子體會「大膽嘗試有時會發生好事」這個道理。

所以，父母不必太過「勤勞」，不用寶寶一發出聲音就熱情回應，而且寶寶透過牙牙學語所要表達的需求，家長也不可能百分之百配合。家長只要記得在能力所及的情況下回應孩子即可。另外，內在控制感即使在牙牙學語期結束後仍然可以陪養。等到孩子開口講話，請父母也要儘量回應。

牙牙學語、開口講話和媽媽語

寶寶剛開始牙牙學語時，只會發出「啊一啊」「啊一嗚」等母音。等到滿5個月大左右，開始加入「巴巴」「達達」等濁音（發音時聲帶會震動的聲音）。從7個月大左右，又加入「TikiTiki」「蠻蠻蠻」等變得稍微更複雜的聲音。不論孩子在哪個階段發出什麼樣的聲音，都代表著孩子的個性。建議大家記錄下這段時期的牙牙學語，並附上同時期的照片。等到事後回憶，父母就能向孩子津津樂道「你看你〇個月大的時候，竟然是這樣講話耶」，或許能夠讓孩子重新感受到父母對自己的愛。

包含眨眼睛的動作在內，小嬰兒發出的聲音聽在大人耳中，通常會覺得很可愛。而且大人也會受到小嬰兒的感染，不自覺的把音調提高八度，並刻意強調說話的抑揚頓挫。這種說話的方式稱為「媽媽語」。因為嬰兒的耳朵比較容易聽到高頻的聲音，能夠促進孩子開口說話。因此，光是讓寶寶聽到大人之間的對話，對語言能力的增進恐怕效果很有限。

培育「成功的孩子」祕訣篇

讓孩子多用手拿東西吃

鱷魚腦與感覺統合

現代社會是高度資訊化的社會。如果希望孩子能成為活躍於社會的一份子，高級認知機能，也就是「人腦」的能力很重要（參照32頁）。希望孩子將來能夠成材的父母，常常把焦點放在語言能力和記憶力。這兩種能力固然和人腦的能力有關，但如果只關注這兩項能力，有時候反而會成為孩子成長的阻力。

腦部為了彌補舊腦的缺陷而獲得新腦。腦科學已經證實，身為腦部根基的「鱷魚腦」必須維持活化狀態，腦部整體才能發揮健全的功能。換言之，為了促進人腦發達，首先要打造能夠刺激鱷魚腦和馬腦的環境。

那麼該怎麼做才能活化鱷魚腦和馬腦呢。剛出生的小嬰兒，某種程度會依照基因程式生長，所以第一要做好的是「一般的育兒」。也就是讓孩子保持睡眠充足，好好喝奶。等到孩子能夠自發性的開始玩耍，此時要準備能夠刺激五感的環境。五感包括視覺、聽覺、觸覺、嗅覺和味覺，最好盡可能同時刺激好幾種感覺。在多方刺激下，能不斷促進感覺統合，讓人可以運用好幾種感覺，建立認識事物的基礎。

視覺、聽覺、觸覺透過遊戲會得到大量刺激。只要輕輕一捏就會發出聲音的球狀玩具等，可以同時刺激視覺、聽覺、觸覺。孩子專用的太鼓和鈴鼓等，可以同時刺激視覺、聽覺、觸覺。另外，敲擊這個動作也可以一併統合運動感覺。如果讓孩子使用健力架，有機會同時統合運動神經和平衡感。請家長替孩子選購玩具，一併考慮這方面需求。

餵奶和用餐會強烈刺激孩子的嗅覺和味覺，但有些父母為了避免家裡被弄得髒兮兮，都是由大人餵食，不喜歡孩子邊吃邊玩。不過，請父母豁出去，讓孩子自己吃飯。吃飯不單只是補充營養的時間，除了五感的刺激，透過把食物送到嘴裡的動作，能趁機統合運動感覺。有研究顯示曾經有過「自己用手抓著吃，讓食物掉得到處都是」這種經驗的孩子，智力的發展較快。雖然事後的清理工作讓人頭疼，但只要孩子願意就讓孩子自己吃飯。

替孩子準備很多玩具和教具並非必要

曾經有家長問我這個問題「我家的孩子老是玩同樣的玩具，沒關係嗎？」有此疑惑的父母，似乎擔心孩子如果傾向只玩某一類型的玩具，成長上會不會出現偏差。「堅持只玩同一種遊戲」的特徵，有可能是個性過度發展，也就是發展障礙（自閉性障礙），也難怪父母會耿耿於懷。不過，父母只要常常和孩子眼神交流，並確定孩子對自己的表情變化產生反應，發展障礙的機率應該很低。

只要是腦科學家，幾乎沒有人不知道：孩子若有發展障礙的可能性，讓孩子盡情接觸喜歡的玩具，反而是促進腦部發育的重要支柱。為了讓突觸在腦中確實成形，需要讓腦部不斷接受同樣的刺激。孩子有喜歡特定的玩具，證明腦部的突觸已經塑造成與該玩具對應的型態。換句話說，腦部需要那個特定的玩具。所以，只要孩子想玩就讓孩子玩，直到孩子覺得膩了。

唸繪本給孩子聽時也要秉持同樣的原則。有不少孩子要求父母每天唸的永遠都是同一本繪本。執著的程度讓父母忍不住懷疑「每天都聽一樣的故事都不會膩嗎」。但是，這就是兒童腦部發育的需求。

運用手指訓練孩子的共享式注意力

培養情緒智能和知性

首先我想請教各位一個問題。眼睛是「用來看」還是「讓人看」的呢？答案是兩者皆是。人眼的特徵是眼白很多。拜這點所賜，我們只要看到對方的視線，就可以知道他在看什麼。換言之，眼睛是用來知會對方「我對這裡有興趣」的溝通工具。

當人開始關心「別人在關心什麼」之後，終於能夠完成更高度的共同作業。關注別人在關心什麼的心理稱為共感能力（共鳴力）。這對心理學家是很基本的概念；事實上，若想在社會取得成功，關鍵便在於理解和表現自己和他人的心情，還有控制自我情緒的情緒智能（EQ）。共感能力是情緒智能的核心。若能儘量幫助孩子發展自然再好不過。

8個月大左右的嬰兒，即使沒有人教，視線也會開始轉向周圍的人注意的方向。和視線同樣表現出「我有興趣」的舉動是舉起手指。當孩子看到大人舉起手指，就會察覺好像有什麼大事發生，所以也會跟著轉向大人手指的方向（共享式注意力）。1歲左右的孩子如果伸出手指指著什麼，表示「你快看！」的意思。父母如果把視線轉向他手指的方向，代表雙方之間已經產生共同感興趣的空間。光是共處於這個空間，就能加深親子間的情感交流，帶來良好的感受。

不過，共享這樣的空間，不只是帶來愉快的感受，對孩子腦部的重要部分，也能發揮刺激的效果。這個領域包含孩子是否對其他人產生興趣和情感，以及自己會受到何種評價。如果能夠在某種程度上做到對他人的心情感同身受，就可能成為共感。有關共享式注意力，目前已經證實，如果大人的態度積極，孩子的語言表達能力也會發展得比較順利。請從孩子還小的時候，儘量多抽出時間，和他看一樣的東西，藉由心情的共鳴促進發展。

模仿與讚美

一切學習的基本

不知道大家有沒有聽過「典範、楷模」（Roll Model）這個詞呢。在生涯發展的領域中，這個詞出現的頻率很高。我們每個人在社會中都扮演著某個角色（職務・立場），並藉此在社會上取得一席之地。很重視如何讓孩子「發揮個性」「發揮特有能力」的父母似乎不在少數，不過若想在現代社會出人頭地，在這之前還有必須完成的課題。那就是獲得並維持某個角色的身分。所謂的「典範、楷模」，就是為了獲得並維持這個角色的行為模範，也就是榜樣。

當然，每個孩子與生俱來的個性和能力應該盡情展現。不過，為了實現這一點，意味著必須先獲得某個角色。我想這個道理不難理解。不論具備如何出色的商業能力或藝術天分，如果缺乏大顯身手的舞台也是枉然。讓能力大放異彩的舞台＝獲得角色。這件事和具備才華與個性同等重要。最有效率的方法就是照著範本做。舉例而言，在公司以一位被託付重任的資深同事為範本，看看他是如何受到主管信賴，效法他的方式照著做，自己的能力也會得到成長。

培養孩子懂得「效法別人以增加自己的能力」並不是很困難。見賢思齊的能力每個人都有。

舉個最簡單的例子來說，孩子滿1歲以後，會開始模仿媽媽的行為舉止，例如哄布偶睡覺；爸爸在家辦公的模樣，有時候也會成為孩子模仿的對象。到了兩歲半到3歲，大人和朋友會一起加入「角色扮演」的遊戲。請父母陪孩子玩扮家家酒這類的遊戲時，儘量多讚美他。目的是透過遊戲，讓孩子學到「向已經扮演某個角色的人學習是好事」。

或許有些人認為「模仿又沒有什麼難度，何必如此」。不過，在社會上有頭有臉的人，經常不受眾人喜歡。一般人很難想像要自己效法這樣的人。所以，能夠模仿對方的喜悅必須勝於厭惡對方的心理。家長有必要讓孩子從小多練習、多體驗「模仿好的行為是一種學習，有所收穫是好事」。當然，如果孩子模仿的是不良行為，父母要立刻糾正，但只要看到孩子模仿的行為，請家長不吝於讚美。這樣的體驗對於孩子想在社會上取得優勢地位時，會化為一股鞭策孩子努力的動力。

培育「成功的孩子」祕訣篇

父母模仿孩子的行為是一種認同

父母可在孩子一個人獨自玩耍的時候，模仿孩子遊戲的樣子。各位一定很好奇這樣做孩子會有什麼反應。其實這樣做有助於搭起親子之間的情感橋梁，所以孩子一定會很開心父母一起加入遊戲的行列。和孩子一起玩的時候，家長可多模仿孩子的動作。

「有人和自己做一樣的事」意味著「自己做的不是奇怪的事」。父母學孩子玩遊戲，表示父母贊成孩子所玩的遊戲。

同樣的原則也適用於牙牙學語（參照85頁）。即使聽不出來孩子在說什麼，請父母模仿寶寶的發音跟著唸出來。「大人主動融入寶寶的牙牙學語世界」，效果等同於「看孩子玩什麼就跟著他玩什麼」，都是讓他感受到「你做的事情很棒」的體驗。

有些父母基於「孩子會記不住正確的詞彙該怎麼說」的疑慮，對模仿孩子的牙牙學語採取消極的態度，其實，雖然大人聽不懂孩子的牙牙學語，但對孩子而言都是有意義的。換言之，儘管還不完整，其實孩子正在講話。為了發展孩子的語言能力，記得用「媽媽語」（參照88頁）回應孩子，但偶爾也可以模仿孩子的牙牙學語，觀察孩子的反應，增添彼此溝通的樂趣。請務必試試看。

培育「成功的孩子」訣竅篇

和孩子一起看看雲，訓練想像力

我在第1章已經說明「為了在現代社會生存的必備三項技術」，在此做個簡單的複習。這三項分別是專業技術（工作上要求的技術）、構思技術（企劃力・價值創造力）、社交能力（人際關係的經營力・維持力）。

其中，構思技術的重要性變得愈來愈高。原因在於，現代社會要求的不僅是收集資訊的能力，整合與活用的能力對新產品的開發、服務的提供、商機也成為成功與否的關鍵。如果缺乏優秀的概念，良好的整合和運用能力也無從發揮。如果希望孩子將來獲得成功，希望家長能從小就好好培養這方面的技術。

構思技術的基礎是想像力。它和語言能力、數學能力等學力無關，即使學力進步，人也不會變得更有想像力。

為了培養孩子的想像力，我推薦父母和孩子一起玩遊戲，從遊戲中培養想像力。舉例而言，如果孩子有興趣，全家可以一起玩「雲像什麼」的遊戲。大家輪流發表自己的感想，討論雲的形狀看起來像什麼。透過這個遊戲，不只是能夠培養想像力，也可以製造共享式注意力，培養情緒智商的基礎。而且雲的形狀瞬息萬變，大家也必須達到兩項共識，第一「要趕快告訴對方」，還有「判斷對方說的東西像不像」。這也可以替社交能力奠下基礎。

現代人的生活步調匆忙，或許要擠出悠哉看雲的時間不容易。就好像我們從未想過自己是地球的居民。除了體會孩子也和自己一樣生活在地球上的事實，偶爾也和孩子一起看看雲。

培育「成功的孩子」訣竅篇

透過「故事」向孩子傳達教訓與禁忌

人會透過經驗學到教訓「當初應該選擇○○就對了」，以及禁忌「早知道就不做○○」。接著為各位介紹需要向孩子傳達教訓與禁忌時，如何巧妙利用故事的方法。

長大成人後，透過自己親身體驗得到的收穫更大。雖然每個人的情況不盡相同，不過至少在3歲左右之前，從別人聽到某件事所得到的震撼力最強。換句話說，孩子在聽到某個「故事」後，可以像自己親身經歷一樣，從中得到教訓或長知識。

希望孩子盡可能透過各種經驗學習是父母共同的期望，但直接讓孩子體驗，孩子會很辛苦。父母的時間和體力也有極限，不可能全程奉陪。所以，為了讓孩子透過親身體驗學到「危險在哪裡，哪些事情不能做」，無可避免的也伴隨著風險。不過，把握3歲左右這段時間，只要透過「故事」就能夠達到同樣的效果。請父母把握這段時間多講故事，讓孩子變得見多識廣。

畢竟孩子只有3歲，無法理解太複雜的故事。建議父母設定幾個重點，例如「做什麼事會讓別人高興」「做什麼事會被人討厭」「做什麼事會導致嚴重後果」，以強而有力的方式向孩子傳達。有些繪本和寓言故事以淺顯易懂的方式傳達教訓和禁忌，父母不妨多加利用。

如果從繪本和寓言故事找不到自己想傳達給孩子的內容，可以讓虛擬的人物登場，例如「爸爸有個朋友啊」。例如父母如果想讓孩子知道如何避免自己受傷，就說一個故事主角受重傷的故事。與其直接威嚇孩子「你這麼做會受傷」「很危險喔」，藉由故事表達的效果更好。即使孩子超過3歲，講故事依然可以發揮效果。

培育「成功的孩子」訣竅篇

利用意想不到的「獎勵」讓孩子養成好習慣

孩子到3～4歲後，除了父母買的玩具，也會表現出「我想要這個東西」的意志。想要的東西可能包括在電視上看到的玩具，或者是其他孩子擁有的玩具。想要的念頭幾乎都是一時的情緒作祟，所以大部分的時候父母沒有必要真的買單。

不過，如果每次自己開口說想要什麼東西，得到的回答卻永遠是「不行」，孩子對自己和世界就會變得悲觀，誤以為「自己產生物質慾望是不對的」「這個世界與自己為敵，妨礙自己追求慾望」等。如果發現孩子是真心想要，父母不妨偶爾買下來送給孩子。因為這樣可以讓孩子用正面的態度看待自己和世界，非常重要。那麼，若下次孩子說有想要的東西，父母該如何對應，又該在什麼時機購買最好呢？

父母一開始只要簡單告訴孩子「下次吧」，但同時加上一句「如果你在〇〇方面好好努力就買給你」，讓孩子知道只要自己努力就會得到獎勵。在日本，似乎有不少人對「以獎勵督促孩子表現好」的作法不以為然。不過以行動科學的觀點而言，獎勵會成為好表現的原動力，是顯而易見的常識。因為只要做的是有利於自己的行為，以後即使沒有獎勵，做這件事所帶來的結果也會化為往後繼續做的動機。等到孩子的好表現已經累積一段時間，下次又遇到孩子真的很想擁有的東西，父母就可以實現承諾。但是要記得告訴孩子「因為你在〇〇方面很努力，這是獎品」，讓孩子體驗靠自己努力贏得獎勵的喜悅。孩子的個性喜新厭舊，喜歡的東西常常在變，或許實際買下的獎勵和當初約定好的不一樣。所以父母不需要訂出明確的時間。因為只要孩子確信「雖然不知道是哪一天，但一定會有獎勵」就有做出好表現的動力。請各位家長務必善用獎勵帶來的效果。

培育「成功的孩子」祕訣篇

正確「責罵」孩子的方式

在罵孩子之前，父母別忘記真正的「目的」

身為父母，一定會遇到不得不罵孩子的場合。如果孩子的年齡還太小，父母罵了也是白費工夫，但長到3~4歲以後，孩子已經很會講話了。到了這個階段，父母應該開始培養孩子的自覺，讓他知道哪些事不能做。

為了讓孩子從經驗中學到對錯，必須仰賴大人的「教養」。如果教養孩子就像安裝程式或下載APP一樣，只要短短幾秒鐘就能完成，自然是輕鬆不過，可惜沒那麼簡單。不過，人的優勢是具備學習能力。父母只要善用孩子的學習能力，不難促使孩子產生自覺。

「責罵」是促使自覺產生的方法之一。從心理學的角度來看，「責罵」是一種以「社會參照」為目標的溝通方式。也就是運用表情和語言的聲調等情感表現，向對方如實傳達有關「什麼是對/什麼是錯」的訊息。這種溝通方式不僅可以用來傳達什麼是好的行為，在告訴孩子「安全與危險」時也會派上用場。

責罵孩子的重要原則是，要針對孩子的行為，正確向孩子傳達父母生氣的原因，是因為「你做了〇〇是不好的事喔」。正確傳達的難度在於家長在責罵孩子的過程中，過於把重點放在評價「好或壞」，所以容易忘記發揮同理心，忽略要確認「孩子的反應」。只要是腦科學家都很清楚，腦的評價模式和同理心模式之間的關係有如翹翹板。若兩者保持平衡就能順利切換，相反的，若過於傾向某一方，切換時就會出現障礙。

如果過於傾向評價模式，父母責罵的對象不僅限於「現在的行為」，而是連「過去的行為」都加以追究，甚至一併預言「未來的行為」。感情表現已經超過應有的範圍。

換句話說，父母可能憑主觀認定「既然你以前做了〇〇」「你以後一定也會做〇〇！」，在一時衝動下對孩子怒吼。面對青春期的孩子，這種算舊帳或預測性發言多少能發揮一點效果，但3～4歲的孩子可能無法完全理解。如果一來，他們會誤以為父母生氣的對象是「自己」，而非「行為」。請父母避免用這種方式責罵孩子。

責罵孩子之前，請父母先明確自己的目的是「應該讓孩子知道什麼」，再把目的簡化成單一目的。我建議各位採用重複「責罵↓詢問↓稱讚」的方式與孩子溝通。

有建設性的責罵，舉例來說，父母可以詢問孩子「你覺得該怎麼做？」「你現在知道該怎麼做才對嗎？」。如果孩子正確回答，就稱讚他「你很懂事嘛！那你就試著做做看！」鼓勵孩子做好的行為。如果孩子還是不懂，就好好再教一次。有時候也可以準備範本讓孩子參考，在孩子打算付諸實行的那一刻加以鼓勵與讚美，相信孩子的表現會愈來愈好。

正確責罵，引導孩子學習對錯
父母執行的三步驟

第1步　選定一個希望讓孩子產生自覺的主題（行為）

→孩子一次學不了太多。遵守一次一個主題的原則

第2步　讓孩子的注意力轉向父母

→呼喚、大聲、或相反到孩子耳邊低聲說

第3步　責備、詢問

〈責罵的示範〉

把自己想成演員，用充滿感情的語調告知「現在不是做這件事的時候吧！」「不可以做這件事？／這個行為很危險！」等。

〈詢問的示範〉

「現在是做什麼事情的時間？」「應該怎麼做才好呢？你知道該做什麼嗎？」語調保持沉穩，就像和孩子玩猜謎遊戲一樣。

★如果孩子的口語表達已經很流利，有可能會頂嘴或編出歪理反駁。父母的原則不能被動搖，一定要貫徹到底「現在該做的什麼！」孩子講的話如果合情合理，很有邏輯性，家長可以順著孩子的話接，把談話導回正題「對啊，你說的對。那麼你該做什麼呢？」

培育「成功的孩子」祕訣篇

訓練孩子的耐心

棉花糖實驗的啟示

假設孩子長大成人，具備以下特質：「懂得替未來打算，訂好計劃與行動」「考試時取得好成績」「擁有良好的人際關係」「在各方面取得平衡」，你是不是會覺得自己的教育很成功？希望孩子長大後能夠成器的父母，應該都很期待自己的孩子能夠具備上述的特質，而且是愈多愈好。

美國的心理學家曾針對什麼樣的孩子，經過教育後具備上述特質，進行研究。我們把這項研究稱為「棉花糖實驗的研究」。這項研究的內容是讓幼稚園和幼兒園的孩子坐下來，並且在他們的面前放一個棉花糖。美國的孩子幾乎沒有人不喜歡棉花糖。看到眼前的棉花糖，每個人都迫不及待想伸手去拿。不過，工作人員卻告訴孩子「如果能夠忍耐不吃，等一下還可以再拿一個棉花糖」，說完就離開房間。孩子被單獨留在房間，可以選擇要不要立刻吃掉眼前的棉花糖。

這個研究的重點在於追蹤當場吃掉棉花糖的孩子和沒有立刻吃掉棉花糖的孩子，十年後還有長大成年後的發展。當年沒有立刻吃掉棉花糖的孩子，十年後成為在行動前深思熟慮，不輕易屈服於誘惑之下的少年與少女。他們在大學入學考的性向測驗上也取得好成績；進入成人階段以後，不但肥胖指數較低，人際關係也顯得豐富多元。當場吃掉棉花糖的孩子和沒有立刻吃掉棉花糖的孩子到底有什麼不一樣呢？

一言以蔽之，兩者的差異在於腦是「能夠忍耐的腦」，還是「無法忍耐的腦」。能夠忍耐的孩子，其執著於眼前快樂的馬腦，有一部分和抑制行動的人腦緊密連結（「馬腦／人腦」參照32頁）。因此，他們的忍耐力較強，能夠對眼前的快樂視而不見。相對的，無法忍耐的孩子，行動可以反映出他們的馬腦會立刻產生作用。總而言之，是否能夠壓抑眼前的快樂，將大為左右其往後的人生。

那麼，無法忍耐的孩子，是不是無法獲得成功呢？答案是「不需要放棄」。因為即使缺乏「能夠忍耐的能力」，只要培養「能夠忍耐的策略」就沒問題了。

現代社會充斥著各種驅使人走向墮落的誘惑與快樂。只要花少許的錢，美食、讓人無法自拔的娛樂、樂此不疲的網路影片等通通可以到手。人一旦覺得滿足，就會失去實行的動力。擁有「能夠忍耐的腦」，意味著不會讓自己輕易得到滿足的人擁有較多優勢。相反的，如果忍耐不了，那只要讓自己遠離誘惑和一時的快樂就好。例如不買甜點、家裡不擺電視、刻意限制手機網路的流量等，好讓自己專心朝著「現在該做的事」行動。

能夠完全做到這一點，通常要等到自覺意識高漲的國中時期以後。因此，請家長從孩子還小時，只要孩子能做到忍耐，就大力讚美。雖然只是微小的一步，卻可能成為孩子在十年後獲得成功的養分。

聖誕老人所帶來的教育意義

說到聖誕節，很多人馬上會想到「聖誕老人」。如何向孩子解釋聖誕老人的存在與否，取決於各位家長的教育方針。不過，以心理學的觀點而言，家長如果沒有把握利用聖誕老人來教育孩子的機會就太可惜了。理由有好幾個。

聖誕老人在大眾眼中的形象是「如果當個好孩子，他就會帶著祝福的禮物給你」。換句話說「行為與結果的關係」讓人清楚易懂，也就是「要不要當個好孩子完全看自己」「只要靠自己努力就能得到祝福」。透過各種心理學的研究，已經一再證實，確信「靠自己可以改變」的想法，是成為「能夠獲得成功的人」、「抗壓性強的人」的必備條件。為了培養這樣的心態，兒童時期是掌握關鍵的重要時期。聖誕老人的人物設定非常簡單明瞭，也就是「只要當個好孩子就會得到回報」。請家長務必利用繪本等工具讓孩子接觸這個概念。

另外，3歲之前的孩子，他們藉由聽聞所得到的間接體驗，效果等同於親身體驗，能夠帶來同樣的震撼力。讓孩子聽聖誕老人的故事，讓孩子的感受到自己順利完成「當個好孩子」「努力變聰明」的成功。這個方法尤其適用於兩歲以後的魔鬼期，效果特別好。包括孩子意興闌珊的刷牙、換衣服、整理玩具等行動，只要想到與聖誕老人的連結，他們就會變得驚人的順從聽話。當他們在聖誕節當天早上，發現枕邊禮物，想必一定是又驚又喜「因為我有當個乖孩子，聖誕老人真的來了！」這個時候的重點是，父母準備的禮物必須是孩子真正想要的。即使是看在大人眼中明明是很無趣的玩具，但也要讓孩子切身感受到「這是聖誕老人為了獎勵我的努力送我的禮物！」如果父母準備的禮物是不受孩子歡迎的益智遊戲或衣服，「聖誕老人」的效果也會跟著大打折扣，請務必注意這一點。

乖巧不哭鬧的寶寶 父母要更注意

沉默嬰兒的悲劇

嬰兒在的地方通常顯得很熱鬧。寶寶會哭會笑，原以為已經熟睡，沒想到又哭了起來……。為了照顧襁褓中的小寶寶，父母要忙的事多到數不清。如果家裡的小寶寶剛好是「不太給人找麻煩」的類型，聽起來很讓人羨慕。

因為只要給寶寶玩具，寶寶就會自己靜靜地玩，不會干擾父母做事或休息，而且玩著玩著自己就睡著了。如果帶寶寶外出，在外面也不會哭鬧或者怕生。要是連睡眠時間也很規律，這樣的孩子無疑就像天使。

但是，父母如果就此心安，可能會產生隱憂。這在心理療法專家之間稱為「沉默嬰兒的悲劇」。個性乖巧安靜的寶寶，不擅長引起父母的注意。或者是寶寶即使向父母發出「請你注意我」的信號，也被忽略了。大家要知道的是，並不是每個小嬰兒呼喚大人的時候，都是用哭得驚天動地的方式吸引注意。

沒有受到大人充分關照的小嬰兒，會開始「自我安撫」。這表示腦部已經出現「不能期待周圍會保護自己」的徵兆。這樣的狀態如果一直持續，孩子長大後，有可能變得對人不會產生執著之心，也就是缺乏經營人際關係的技巧，無法和其他人產生牽絆。乍看溫順乖巧的孩子，在幼稚園或學校卻可能突然兇性大發。目前已知的其他風險還有難以適應新環境，而且長大成人後，罹患成癮症的機率也比較高。原因在於這樣的人並沒有培養「讓別人取悅自己是好事，必須好好珍惜」的意識。

如果家裡的小寶寶剛好是乖巧不吵鬧的類型，父母必須變得更注意照顧。請加強皮膚接觸和回應寶寶牙牙學語的頻率（參照85頁）。這些會成為培養孩子的社交技巧的基礎。

父母不必事事滿足孩子

你最喜歡吃的東西是什麼呢？假設有人在你肚子飽到很難受的時候，遞給你最喜歡吃的食物，你吃起來依然會覺得美味嗎？我想答案一定是否定的。毋寧說吃了以後覺得負擔更大，感覺更不舒服。不論平常再喜歡的食物，如果不是肚子餓的時候吃就不覺得開心。所以，為了享受到品嘗美食的樂趣，感覺「肚子好餓啊～」的「不滿足感」就成為必要的調味料。

長期觀察兒童的心理療法專家，知道讓孩子體驗恰到好處的不滿足感，反而會使孩子覺得更幸福。因為相對不滿才有喜悅。話雖如此，不滿足的感覺若過於強烈，會造成孩子將「不幸」視為一種常態，也無法對大人產生信賴感，必須特別當心。不過，要是每天過得沒有不滿足，也沒有不愉快，相對的也不容易感到喜悅。

有關「心靈的原點」，各家的說法不一，但其中一種相當有力的說法認為「起源於『愉快⇕不愉快』的偵測」。換言之，避免不快愉情況發生的原動力，就是心靈的起點。「沒有不滿就沒有喜悅」是人心的特質。

所以，父母在照顧小嬰兒時，一心想著不要讓孩子覺得不滿足，並不是理想的育兒方式。希望孩子永遠保持有如天使般的笑容是父母共通的心願，但有時候讓孩子為了某種需求而哭泣，使孩子能從中深切體會到何為幸福。不過，當然沒必要故意剝奪孩子的滿足感。

育兒的工作繁重，父母在百忙之中，不可能每次都一一回應孩子的要求。這時候，孩子就會充分體驗不滿足的滋味。其實，親子間每天看似平凡的互動，掌握了培育孩子對幸福的感受性的關鍵。請各位好好珍惜這種看似平凡無奇的「普通育兒」。

養成生活好習慣的方法

日常的習慣加上儀式感

刷牙、穿衣服、整理玩具和房間，都是必須養成的生活習慣，不過這幾項似乎佔據「孩子最討厭做的事情」排行榜前三名。對一些孩子來說，洗澡也是苦差事之一。不過有研究顯示建立生活習慣的與否，會與孩子未來的經濟狀況產生關聯。所以父母以後可不能再對孩子睜一隻眼閉一隻眼。

如果孩子已經到了聽得懂故事的年紀，可以借用「聖誕老人」的方法，讓孩子知道「當個好孩子就有好事發生」，但孩子的年紀如果更小，可以採用其他方法試試看。

為了讓孩子養成生活的好習慣，先讓孩子熟悉一些代表性的事物。如果找不到適當的代表事物，也可以放一段特殊音樂，或一句特別的話代替，只要能夠達到提醒孩子的效果即可。這樣一來，只要孩子看到或聽到這些代表事物，就知道「要去刷牙了」「該整理玩具了」。

舉例而言，要孩子換衣服之前，父母可以先來段誇張式的歡呼「要換衣服囉～啟動換衣服開關！」有些孩子看到衣服已經拿出來了，就知道「要換衣服了」。有些孩子會用哭表達自己不願意，不用擔心，讓孩子先發洩情緒，等待孩子情緒緩和。不過，如果哭過孩子還是不願意合作，請利用160頁介紹的轉換需求的手法，再用「塑造」（參照69頁）效果更好。

讓孩子從小養成良好的生活習慣，如果可以提高孩子將來個人經濟狀況良好的機會，應該是很值得的。

孩子心愛的玩偶和毯子是安全感的來源

大家對「奈勒斯」這個名字有印象嗎？他是在熱門漫畫《史努比》登場的角色之一，特徵是不論走到哪都帶著毯子。奈勒斯不論去哪裡，都會隨身帶著這件他稱為「安心毛毯」的心愛毯子。要是這條毯子不在身邊，奈勒斯就會變得失魂落魄，相反的，只要有毯子在手，他就會覺得很有安全感。因此，對奈勒斯來說，這條安心毛毯不僅是條毯子，還是一條隨時讓自己覺得安心舒適的魔法毯子。

不曉得各位在小時候是不是也擁有走到哪就要帶到哪的心愛玩偶，或者一條質地柔軟舒適的毛巾被呢？不論是玩偶還是毛巾被，意義都等同於奈勒斯的「安心毛毯」。

嬰兒出生滿6個月左右，開始面對這個世界並非按照己意運轉的現實。這點對孩子會造成沉重的壓力。即使是成人，就算已經培養面對現實的能力，有時候還是會覺得很無力，感覺自己陷入一籌莫展的困境。當然，現實生活中不可能事事盡如己意。但是只要仔細去找，一定能夠找到自己做得到的事情。但是孩子的年紀還小，還沒有足夠的能力找到自己能做的事，也因此會感到有壓力。這時，一條「安心毛毯」，能夠發揮情緒緩衝墊的功能，給予孩子面對現實的勇氣。這條毯子是唯一不會讓孩子失望的忠實朋友。也能夠在自己覺得有需要的時候，隨時提供溫暖。

孩子這樣的舉動看在父母眼中，或許會覺得不解「永遠都抱著同一條毯子不會膩嗎？」「已經那麼髒了，該換條新的毯子吧」。但是，一直讓這樣東西陪伴在孩子身邊很重要。即使髒了需要清洗，請家長別忘了準備另一條同樣的毯子或布偶暫時替代，以免讓孩子覺得若有所失。在孩子主動從對魔法毯子的依賴畢業之前，請讓孩子永遠可以從這條毯子得到「只要毯子在身邊就沒問題」的安全感。

OK

和孩子多玩肢體遊戲

如何用遊戲鍛鍊大腦抑制力

在我們的祖先發展出多元複雜的社會之前，腦部由以自我為中心的鱷魚腦和好惡分明、容易衝動的馬腦所主宰。能夠抑制上述兩者，並且讓我們變得更有社會性、理性的，是在意周圍感受的猴腦，與具有計畫性的人腦。如果只看這點，為了鍛鍊猴腦和人腦，需要增加讓孩子學習忍耐的機會（參照110頁），並且從小讓孩子接觸益智遊戲與教具，這樣往後的人生似乎能走得比較順遂。但實際情形果真如此嗎？

事實上，透過遊戲讓鱷魚腦和馬腦變得興奮，也會促進猴腦和人腦的發達。換言之，先有容易興奮的腦出現，才會鍛鍊出用來抑制的腦。那麼，什麼樣的遊戲可以達到鍛鍊抑制力目的呢？這個遊戲以肢體接觸為主，兼具運動和溝通目的，名為「肢體遊戲」。以持續進行肢體遊戲的幼稚園孩子為對象的研究顯示，在抑制大腦興奮能力的測驗中（Go/Nogo測試），幼稚園孩子獲得的評分，已達到相當於小學生的程度。所以，

請父母多找機會和孩子玩肢體遊戲，幫助鍛鍊更有社會性和理性的腦部。

最具代表性的肢體遊戲是「互相搔癢遊戲」。雖然只是互相搔癢的簡單遊戲，卻能帶來很好的效果。其次是「摔角遊戲」。父母只要控制自己的力氣，就可以巧妙決定遊戲的勝負。想要在摔角遊戲裡加入搔癢的動作也可以。最後是傳統的「互背遊戲」，也有很好的效果。

這些遊戲不僅能提高孩子的抑制力，和父母盡情玩耍的童年回憶，也能成為日後學習專業能力的基礎。童年時期的幸福回憶，將會成為成年後的人生指標。請父母和孩子盡情享受肢體遊戲的同時，一併達成教育目的。

具有相同育兒經驗的心理學家和腦部專家，發揮專業知識與經驗，為父母解答最困擾的問題！

專家
問卷調查
❶

你們的專業知識，是否實際運用在育兒或夫妻關係的經營呢？

● 曾將專業知識運用於觀察孩子的行動及聊天的時候。不過，**和具體的育兒方法相比，我覺得父母要適度放鬆，以輕鬆的心情面對孩子和家人**。這樣一來，無論是親子關係和家庭關係都會更為穩固安定（N.S／女性39歲／心理學家／女兒2歲）

● **孩子不想去學校的時候，我發揮同理心去傾聽，以及採用行動療法。**雖然不是馬上得到改善，但想到自己知道處理的正確方法，內心就踏實不少。孩子一覺得不耐煩就頂嘴、故意和大人唱反調的行為，雖然也會讓身為家長的我感到有壓力，忍不住變得情緒化，但想到**發展心理學的專業知識，我又能夠重拾冷靜的態度，仔細觀察孩子的行為進行比對。**（Y.I／女性38歲／臨床心理師／女兒8歲・6歲）

● 生產之後，我的身體狀況不是很好，再加上不熟練育兒的工作和睡眠不足，想法常常變得很悲觀。多虧我先生也是臨床心理師，雖然**他會發點小牢騷（但都是重要的事），但是他很有耐心的包容我，讓我能儘快走出負面想法。**即使具備自我調適的專業知識，但遇到身心俱疲的時候，最強而有力的支援還是伴侶，讓我可以完全信賴。除了感謝還是感謝。（M.M／女性3／臨床心理師／女兒1歲）

● 我並不覺得心理學的專業知識可以運用在育兒。**我認為為人父母者，必須具備的不是專業知識。**專業知識反而會增加煩惱，有害無益。（N／女性39歲／臨床心理師／女兒20歲、兒子10歲）

● **應用行動分析（行動療法）的技術，在我和孩子的溝通方面派上很大的用場，另外，在打造育兒的環境方面，從長遠的眼光來看，具備有關腦科學的知識，也等於讓孩子的發展多了一分保障。**拜這些專業知識所賜，孩子都有所成長（關懷他人、主動出聲招呼、繪畫、樂器演奏、舞蹈等）。（山本哲也／男性34歲／認知神經科學與臨床心理學家．臨床心理師／女兒4歲．1歲）

● **發展心理學和臨床心理的知識在育兒上發揮了很大的作用。**我想，可以配合孩子的發展階段，以促進身心發展的方式育兒，對孩子的成長很有幫助。包括在嬰幼兒時期，同時進行刺激五感的遊戲方式和母子關係的依賴形成，為了培育知性、好奇心認識廣闊的世界等。在幼兒～學齡期，心理學的知識，也在建立自我肯定感，給予孩子自由選擇空間，讓她學會自己思考，尊重她的選擇以培養責任感和自律心等方面派上用場。另外，徹底聆聽孩子說話，盡可能尊重孩子的諮商式對話、**用絕對不生氣的方式和孩子溝通，也讓孩子學會尊重並信賴別人。雖然是做媽媽的我老王賣瓜，我覺得在孩子身上看到很多正面影響。**（C.N／女性39歲／臨床心理師．保育師．發展心理學研究者／女兒2歲）

● **心理學等科學，不過是將育兒和伴侶關係的一部分將以理論化的學問**，所以如果用法得當，會有發揮用途的時候，但也有一籌莫展的時候。有用的例子：擁抱可以穩定孩子的身心。無法發揮用途的例子：有關嬰幼兒的類神經分裂型人格異常等，與其說的是嬰幼兒的內心世界，毋寧是成人的妄想式錯覺。（末武康弘／男性58歲／心理臨床師．大學教授／兒子22歲、女兒19歲、女兒16歲）

● 孩子在學校遇到挫折或麻煩，還有接到班導師的通知總會讓我開始擔心，這些時候，**本身具備的心理學知識讓我保持鎮定，冷靜處理問題，而且也不會用激動的態度逼問孩子。**另外，我們夫妻倆的專業知識都是心理學，所以遇到問題時，都能夠好好溝通，順利解決。（S.T／女性58歲／心理臨床師／兒子22歲、女兒19歲、女兒16歲）

● **嬰幼兒發展學認為兒童發展的進度因人而異。**這點讓我覺得很受用。我身邊的家長都很在意「孩子有些部分比別人優秀，但某些部分不如人」，但我基本上是一笑置之（笑）。每個人的差距之間都有一定的幅度，所以我總是安慰自己「應該不要緊吧」。透過諮商所得到的基本認知，拜此所賜，我對女性特別會想知道的問題也有一定的了解，所以**每次聽到妻子抱怨時，我也能適時的回應，而且內容總能精準的加入重要的關鍵字。**（Noshinnohe／男性38歲／社會心理學家／女兒2歲．1個月）

● 我的專業是家族療法的經驗與知識。夫妻間總有一方比較常指責對方。以我家而言，妻子向我和孩子發脾氣的頻率比較高。被罵的時候，我和兒子會產生同仇敵愾的心理。但是孩子最親近、依賴的人是媽媽。**我的角色算是孩子被媽媽責罵時的避風港。另外，妻子也會在孩子面前表現出依賴我的一面，用意是讓孩子知道原來最親的媽媽也會依賴爸爸。**（長谷川明弘／男性45歲／心理臨床師／兒子8歲）

● 透過所學，我知道胎兒期很重要。**所以我從兒子還在妻子的肚子裡時就唸書給他聽。**我的專業是研究對故事的理解；每天睡前，我都會講自己編的故事給兒子聽，後來他到4～5歲就開始自己編故事。（米田英嗣／男性39歲／心理學家／兒子5歲）

第3章

心理學家．腦科學家不建議的育兒方式

NG

「胎教教材」是否能夠給予胎兒腦部刺激

常常有人問我「到底該不該買胎教教材呢？」「以心理學的觀點來看，什麼樣的胎教教材比較好呢？」

身為腦部基礎的神經細胞確實從懷孕的第6週左右開始發育。也就是說腦部的發育從胎兒時期就已開始。所以父母會有「從胎兒時期就要進行對腦部有益的活動」的想法也不足為奇。

以結論而言，「如果要減輕媽媽對育兒的不安」，胎教教材確實能發揮很好的效果。胎兒與母親緊緊相繫。目前已知的是如果母親的心情很愉快，胎兒的動作也會變得很活潑；相反的，如果母親的心情悲傷，胎兒的活動量則會減少。換句話說，母親的情緒波動會使胎兒受到影響。壓力會造成血管收縮，若是長期持續，胎兒會陷入營養不足的狀態。換言之，胎兒將很難維持正常的發育。

對大多數的媽媽而言，尤其是第一胎的媽媽來說，對育兒感到不安會成為沉重的壓力。對育兒缺乏經驗的準媽媽，光是想像育兒的情景就會感到不安。但是，這種不安的情緒對胎兒的腦部成長會帶來風險。壓力會造成母親的荷爾蒙分泌失調。如果運氣不好，被稱為壓力荷爾蒙的皮質醇會過量流向胎兒。在此影響之下，胎兒的神經發展會引起障礙。

透過科學實驗，已經證明努力做好胎教，尤其是唸繪本給胎兒聽確實可減輕對育兒的不安。胎教對母親具備的重大意義是「我的育兒生活接下來會很順利！」準備胎教教材並非徒勞無功之事。只不過它的意義與其說是「刺激胎兒的腦部」，倒不如說「減輕媽媽對育兒的不安」更為實際。

NG

「腦部柔軟的時候」是孩子吸收的最好時機？

「孩子的頭腦很軟」「趁孩子的腦部還軟的時候儘量讓孩子吸收知識」等說法相信大家都不陌生。不過「頭腦很軟」到底是什麼意思呢？

一般所說的「柔軟的腦」，指的應該是「容易吸收知識和學會技能的腦（年齡）」。例如「小孩子可以毫無困難的學會新語言，長大成人以後就很難了」。除了語言，知識和習慣、運動神經等也被視為有一段容易學得會的「腦部柔軟期」。

有關視覺和聽覺，目前已經證實確實存在著「腦部柔軟期」。

舉例而言，雖然新生兒一出生就擁有對多種聲音產生反應的腦細胞，但若是生長環境中不會聽到某種聲音，對該種聲音產生反應的腦細胞久不使用，一年後左右就會被清除。日本人無法辨識中日語中沒有的「R」和「L」的發音，也無法辨識介於「I」「E」中間的母音等，便是基於這個理由。另外，關於視覺方面，人的哪一眼會成為「慣用眼」，大約是在9歲左右決定。

不過，學習能力並不會隨著成長而消失。腦部中負責記憶與學習這兩項重要任務的海馬結構，每天都會製造新的神經細胞。此外，目前已知腦部若是在成人後受到物理性損傷，剩下的神經細胞之間也會產生新的結合，以取代失去的功能。換言之，即使長大成人，若是有需要，腦也能夠獲得新的功能。

從這個觀點來看，我們似乎不必急著「趁腦部柔軟的時候」大量學習。所以請父母不必從孩子還小時就急著要孩子學習各種事物，而是在必要時期讓孩子學習必要的事即可。

NG 一定要「在3歲之前」全力大腦開發嗎？

缺乏證據的3歲定終身理論

很多人很喜歡強調「3歲定終身」的重要性，包括「腦部80％都是在3歲之前發育完成」「3歲之前的教育方式決定之後的人生」「3歲之前一定要由母親親手照顧」等。我想，這項「3歲定終身」的理論，對於不希望日後留下遺憾的父母來說應該會發揮一定的影響力。不過，實情果真是如此嗎？

以結論而言，只要不是在完全得不到關注的受虐環境下生長，我想可以把3歲定終身的理論當作是一種神話。

3歲定終身理論的代表性主張是前面已提到的「孩子3歲之前一定要由媽媽親手照顧」。受到這個主張的影響，有些把孩子送到托兒所的職業媽媽因而心生愧疚。但是經過檢證，接受媽媽以外的人養育與照顧的孩子，並不會受到負面影響；另外，只要照顧的品質良好，即使經由他人之手，對母子關係反而是加分而不是扣分。除此之外，雖然僅有些微程度，但語言能力、認知能力、協調性也有提升的傾向。換言之，母親不一定要親力親為，長時間貼身照顧孩子。重點是孩子接受的照顧品質，照顧者是否能夠充分回應孩子的需求，並給予充足的關愛。

另外一項代表性神話是「腦部的重要組織在3歲之前發育完成」。腦部的神經突觸（腦部神經網路）會配合周圍的環境所組成。突觸的作用在嬰兒時期尤其明顯，心理學稱為「敏感期」。但是，突觸的作用在成年後並不會完全消失。另外，突觸互聯所形成的神經元網路如果使用機率不高，為了提升腦運作效率，會自動出現「突觸修剪」的現象。換句話說，即使在3歲前，孩子的大腦形成大量神經突觸，其中大多數也會被修剪掉。

僅就「大腦開發」而言，科學目前尚未證實何種育兒環境最適合3歲以前的腦部。不過，唯有一點很確定——是否受到大人的關愛與呵護，讓孩子得到充分的安全感，對腦部發展很重要。

以猴子為對象的實驗已經證實，即使生長在營養和衛生條件良好的環境，只要在嬰幼兒時期沒有得到母親關愛養育，即使猴子的身體發育成熟，但有關社會性的腦部仍未成熟。目前已經證實，人類若受到漠視或暴力等虐待，腦部的發育也會出現和猴子一樣的傾向。

說到「大腦開發」的力量，我想讓孩子在白天感受日光，在晚上被黑暗包圍，此外，接收大人的聲音、風的聲音、鳥鳴、牛奶的味道、草木的香氣、媽媽的皮膚觸感、爸爸放得好高好高的風箏、有時不小心跌倒等，對孩子的腦部就是充足的刺激。

在科學釐清腦部的一切之前，我想各位應該不必抱著「趕在3歲之前必須進行特別的育兒」的想法。

3歲定終身的理論來自對研究結果的曲解

為什麼會有3歲定終身的理論出現呢？這個理論的科學根據來自1950年代英國的研究和1970年美國的研究。前者的實驗內容是讓孩子在極端剝奪母愛的環境下成長。後者則以小白鼠為對象，使其生長在刺激極少的環境。事實上，主導前者研究的精神科醫師約翰・鮑比本人也曾經表示「只要照顧的品質良好，即使經由他人之手照顧，對孩子並不會產生負面影響」。他在之後的證明實驗也主張同樣的結論。但是，鮑比的研究結果似乎卻被主張女性應該全心對家庭付出的人，曲解成「孩子在3歲之前應該由母親養育」。另外到了1980年代，為了遏止孩子的不良行為和學力低落的問題，美國也不斷尋求解決的對策。此時前述的1970年代研究便受到注目。後來，美國打出「0歲到3歲（Zero to Three）」的口號，並把這份研究成果當作鼓勵父母在早期給予孩子刺激的理論根據。以結論而言，科學尚未釐清所有的真相，我們所看到的不過是真實的片段。因此，我們更應正確解讀事實，並慎重運用。

NG 充實孩子的嬰兒時期，體驗愈多愈好？

大腦神經的突觸連結，是因應重複受到同樣的刺激所形成，所以很多人認為經歷各種體驗可以促進腦部發展。事實上，有好幾項研究顯示缺少刺激的生活會妨礙腦部發育。不過要注意的是，並不是體驗的數量愈多，腦部的作用便會變得更發達。畢竟腦部能夠處理的資訊量有限。換言之，體驗若超過處理量的上限，會對腦部造成負擔。

突觸在嬰幼兒時期會過度連結，但之後在成長中會歷經「突觸修剪」的過程得到簡化。科學家們認為突觸修剪並不代表智力減退，而是腦部為了提升運作效率的措施。必要的突觸並不會遭到修剪，請各位放心。

另外，人在3歲以前學會的事，成人後幾乎回想不起來。這種現象稱為「嬰幼兒期健忘」。「何時」「何地」「做什麼」的記憶，要超過4歲才會留下來。腦細胞在童年時期的新陳代謝很旺盛，所以忘得快是理所當然。

為了充實孩子的嬰幼兒時期，多拍照片等留下記錄，除了日後可供父母回憶，對孩子的未來也算是一種投資。不過，只要刺激不超過會阻礙腦部發育的程度，「嬰幼兒時期的體驗」不論就腦部發育而言，還是留下回憶的方面而言，孩子都不會記得。即使要充實嬰幼兒時期的生活，也請父母適可而止，以免造成腦部的負擔。

NG 讓孩子從嬰兒期一定要養成早睡早起的生活作息？

夜貓子基因問題

有些孩子的生活作息很容易調整，但有些剛好相反。「早睡早起的生活作息對孩子的將來很重要」是一般普遍的認知，所以很多父母都因為無法順利把孩子的作息調整成晨型人而煩惱不已。

如果孩子直到深夜還是清醒不睡覺，或者精神愈晚愈興奮，的確很讓人頭痛。有些作息日夜顛倒的孩子，一早甚至會不願意喝奶或吃早餐。也難怪把孩子當作心肝寶貝的家長們會開始質疑自己「我是不是不會帶孩子？」「孩子白天的活動量是不是太少？」「我煮的飯菜是不是不好吃？」等等。

不過，請各位家長不要擔心。難以把孩子的作息調整成晨型人，並不是父母的錯。事實上，生活作息也會受到遺傳影響，分為「晨間」和「夜間」兩種類型。基因屬於夜間型的孩子，很難調整成晨間型。不過，即使夜間型的基因，也能配合晨型的作息。只是要做到百分之百很困難。在孩子還小的發育期間，請讓孩子按照自己的步調，不要勉強一定要轉變為晨型作息。即使家裡出了夜貓子型的寶寶，請父母也不要因此悲觀。

夜型人在晨型人的社會中，往往表現得失去自信。畢竟是勉強自己配合不習慣的生活步調，或許有幾分無可奈何，但可以想見的是，這點在成人後也會影響到各方面。因此，在孩子必須加入團體生活之前，必須幫助孩子養成能夠適應晨型生活的習慣。例如千萬不可養成很晚吃晚餐和洗澡、看電視看到很晚等習慣。父母雖然要尊重夜型孩子的本性，但也要努力讓他養成能夠適應晨型生活的習慣。

NG

矯正孩子的不良習慣，是否要再三耳提面命？

把握「一種情況一句話」為原則

假設吃飯時，孩子剩下很多沒吃完。遇到這種時候，父母會怎麼規勸孩子呢？雖然說教的內容依年齡而異，我想大體不外乎以下幾種「浪費食物」「世界上還有很多孩子沒飯吃呢」「這些食物是用爸爸拼命工作賺來的錢買的呢」。總之，只要看到孩子不知盤中飧的得來不易，做父母的忍不住想搬出一堆大道理。

不過，向孩子說教時，很重要的原則是「不要講太多」。孩子的腦部能夠處理的資訊量有限。如果一次給予大量資訊，孩子無法吸收。尤其是還沒有學會的規矩，請家長做好這樣的認知：腦細胞尚未做好對此做出反應的連結。

為了讓孩子學會新規矩，記得不要講太多，好讓腦部的能量集中在製造新的連結。因此，當孩子年紀還小的時候，如果要告知必須遵守的規矩，請以「一種情況一句話」為原則。

印象的強度和一再重複會加強腦部結合的強度。為了加強孩子的印象，請父母針對絕對不希望孩子忘記的重要規則或教訓向孩子傳達。

例如，如果要針對「留下食物不吃很浪費」這點進行教育，父母要聯手告訴孩子「啊～不吃好浪費喔」「你下次不要再這麼做了！」雖然需要注意分寸的拿捏，以免演變成父母都在扮黑臉的狀態，但父母聯手帶來的震撼力較強烈，而且孩子聽爸爸說一次，再聽媽媽說一次，更容易記住。所以請父母共同遵守「一種情況一句話」的原則，以更有效率的方式讓孩子學會規矩。

NG 學習要趁早，不管年齡還太小早點送入名校幼稚園？

「上了小學，很多孩子學習數學遇到挫折，連帶對其他科目也覺得吃力，所以從幼稚園就要打好基礎」基於此理由，有些幼稚園非常推崇提早學習的效果。不過，家長是否應該讓孩子提早學習呢？

以結論而言，如果孩子樂意學習，提早接觸無妨。知性和好奇心的發展，每個人的情況都各不相同。日本文部科學省的學習指導要領雖然有制定「兒童的年齡與行為發展表」，但最理想的狀態是順著孩子的準備狀態（準備就緒程度）進入學習。如果孩子的知性和好奇心已經準備好進入提早學習，應該會感到樂在其中。如果孩子的反應不錯，父母就不需瞻前顧後，可以安心讓孩子投入學習。

但是，正式提早學習之前，有兩點必須先確認清楚。第一，父母投入的意願是否比孩子還要強烈。提早學習的目的並不是只為了得到「做好準備」的安全感，也包括「搶先一步」的優越感。優越感帶來的感覺十分美好，讓人不自覺的開始追求。所以，有些父母可能會屈服在優越感的誘惑下，即使孩子並不樂意，卻還是督促孩子提早學習。

第二，確認孩子是不是單純死背知識。當然，有些需要熟記的部分，例如國字、英文單字和九九乘法等是免不了，但如果孩子不去思考「為什麼會變成這樣」背後的道理，只知道死記硬背就有點危險了。因為孩子可能會把死背當作學習的方式，扼殺了思考能力。

遊戲是拓展思考能力的最佳教材。讓孩子提早學習，意味著遊戲時間縮短，孩子能夠從遊戲中學到的事物也會變少。衡量提早學習的得失之後，如果還是認為提早學習對孩子是利多於弊，或許就可以讓孩子嘗試看看。

NG 真實體驗從小愈多愈好，愈早愈好？

「讓孩子在感受性最強的童年時期有更多『貨真價實』的體驗！」我想大家對這樣的標語都不陌生。當然，如果只知道「冒牌貨」的存在，人就會把它當作真貨。舉例而言，實際搭乘交通工具或目睹活生生的動物實體所帶來的震撼與衝擊，絕非玩具可以比擬。所以，如果帶孩子去鐵路博物館，請讓孩子坐上駕駛座，體驗駕駛的感受；與其讓孩子用玩具玩扮家家酒，不如讓孩子實際幫忙大人做菜。

不過，這樣的體驗並不是愈早開始愈好，也不是次數愈多愈好。重點是導入的時機和頻率。讓孩子開始體驗之前，大前提是孩子已養成基本的能力。舉例而言，如果要讓孩子體驗藝術，最好從一定的年紀開始。因為如果孩子覺得厭煩或坐不住就失去意義了。假設帶孩子去美術館，卻在館場內跑步或和大人玩捉迷藏，想必只是徒增父母的困擾。

首先，請父母確認腦部的韌性（參照142頁）。為了讓孩子做好準備，第一步是讓孩子接觸玩具或圖鑑等「複製品」，確認孩子是否感到興趣。如果覺得孩子有興趣，可以預告「等到你生日的時候帶你去看○○」。請從孩子得知自己有機會接觸實物的反應，進一步確認他的興趣。

如果孩子確實從接觸實物的體驗獲得感動，他們所獲得的體驗將會在孩子的腦中不斷「重複播放」。家長可以從一些蛛絲馬跡看出來。舉例而言，孩子如果聽了小提琴的演奏深受感動，便會拿著鉛筆或筷子重現演奏的情景。透過這樣的「重複播放」，能讓體驗在孩子的心中不斷累積。

在「重複播放」持續進行的這段時間，父母先不必決定下一次「實物體驗」的日期。理由是如果給予孩子另一項刺激，可能會妨礙上一次體驗的「重複播放」。請家長和孩子討論對每一項體驗所產生的感受，不必急著趕進度，慢慢來。

NG 隨便給孩子吃奶嘴

新生兒到兩歲左右這段時間，在心理學上稱為「口腔期」。口唇的周圍是神經集中之處，如果接觸到柔軟的東西就會覺得很舒服。嬰兒時期的孩子，注意力會集中在這股舒服的感覺。說得直接一點，只要有個舒服的東西塞在嬰兒的嘴巴，就能讓嬰兒覺得很幸福。

奶嘴的存在正是充分發揮這項特徵，是能夠穩定嬰兒情緒的魔法道具。很多人認為奶嘴能減輕父母育兒的壓力，讓他們多了幾分餘力。而且奶嘴用起來也很方便，只要清洗乾淨，總比讓孩子直接吸手指來得衛生，也可以降低孩子往嘴巴亂塞異物的機會。除了孩子本身，父母看似也是其中的受惠者。

但必須注意的是，把奶嘴用在寶寶身上，雖然能發揮強大的效力，但也必須面對幾個風險。最大的隱憂是讓寶寶對奶嘴過度依賴。寶寶一旦對奶嘴依賴成性，父母反而會為之頭痛不已，包括如果沒有奶嘴就哭個不停、不肯入睡、到了該戒除奶嘴的年紀還是戒不掉、為了戒奶嘴而讓讓孩子改吸手指，結果吸到手指腫起來等。所以，如果一開始沒想清楚就給寶寶吸奶嘴，有可能造成無窮的後患。

另外，對口腔期的快感成癮的孩子，無法忍耐嘴裡空無一物的感覺。這種情況稱為「口腔期固著」，這股壓力的影響力會持續到長大成人，對人或物產生依賴性。

為了避免這樣的情況發生，建議父母把奶嘴當作非常時期的非常手段。例如寶寶晚上哭鬧不休，父母實在無計可施、外出時避免孩子在公眾場所大聲哭鬧等。與其讓孩子透過奶嘴得到滿足感，請父母運用肢體接觸和關愛之情，讓孩子被真正的滿足感包圍。

NG 阻止孩子把東西放進嘴巴

拿到什麼東西都往嘴裡塞是小嬰兒的特質。不論是掉在地板上的小玩具、機器的小零件等，只要大人稍不注意，這些東西就可能被孩子吞下肚，有時候會隨著排便的時候排出來。家有小嬰兒的父母們，想必每天都戰戰兢兢，深怕不小心發生意外。

不過，把東西放進嘴巴裡，對嬰兒來說是為了探索這個世界的行動之一。嬰兒最早發達的是嘴巴周圍的感覺和肌肉，所以「先放進嘴巴確認」成為他們探索時的方法。嬰兒可以從含在嘴裡的感覺，區分各種物品，例如「這個好硬」「這個好軟」「好冰喔」「苦死了」等。可想而知，這類體驗的累積，對突觸的連結一定會派上用場。所以，只要不是太髒或太危險的東西，請讓孩子在某種程度上得到「把東西塞進嘴裡的自由」。

話雖如此，想必有些父母還是會擔心會不會被細菌感染得病。不過，除非身旁剛好有人感染疾病，否則隨身物品上帶有病原菌的機率微乎其微。被嬰兒吃進去的東西，並不會讓孩子立刻生病。公車和捷運的吊環等有許多人接觸的物品，可能沾有大量的病菌，但我們通常接觸到的都是不會造成大礙的雜菌。更何況也有研究認為接觸雜菌反而能提高免疫力，也可能降低過敏的機率。

請父母不必過於神經質，只要不危及寶寶的安全，請讓孩子的嘴巴有更多探索新事物的機會。

NG 抱著「如果他是兒子（女兒）就好了」的想法

人是一種會產生慾望的動物。孩子是上天賜予的禮物，照理說只要能夠擁有自己的孩子就非常幸運了。但是在育兒的過程中，各位是否曾抱著一絲遺憾，出現了「如果生的是男生就好了」「如果生的是女兒就好了」等想法。

尤其是在孩子出生前，對孩子的性別已懷有期待，更容易出現這種想法。如果朋友的孩子性別和自己孩子相反，看到他們親子互動的模樣，可能更容易心生羨慕。自己生的孩子當然可愛，但某些家長的內心深處，是否也渴望著另一種可愛的型態和喜悅呢。

不過，這種想法對孩子沒有任何好處。孩子對自己的存在是否受到父母的祝福，感覺非常敏感。只要父母稍有這樣的想法出現，說不定孩子會立刻察覺。所以，「如果……就好了」的念頭是育兒的禁忌。

相反的，請各位家長想像孩子長大後帶著男朋友或女朋友回家的景象。孩子不可能永遠是小孩子，總有長大的一天。而且也會追尋自己的伴侶，成家立業。想想自己孩子的個性與特質，為了能夠讓他找到適合自己的伴侶，自己該如何教育，光是想像這一點，說不定就能發現以前從未發現的孩子的一面。

當然，對於絲毫沒有出現「如果生的是男孩（女孩）」這類念頭的家長而言，以上這些建議都是多餘的。但是，假如曾有「如果……就好了」的念頭，在腦中揮之不去，換個角度思考不失為一種解決之道。

NG 常常開電視不關

對於被孩子折騰得喘不過氣的父母來說，兒童節目等同於讓自己可以喘口氣的好幫手。兒童節目的問世已有幾十年的歷史，在不斷精益求精之下，大多數的節目都包含了能夠討孩子歡心的元素。最近幾年，甚至也出現了可以親子共賞的兒童節目，現代的家長真是愈來愈有福了。

利用孩子專注於看電視的時候，父母可以趁機收拾家裡。想要獲得片刻時間喘息的方法非常簡單，只要按下電視機的開關就好了。因為太容易達成，不叫人依賴也難。一旦養成依賴，家長只要有另外想做的事，甚至會讓孩子看事先錄好的節目，好替自己爭取一點時間。如此一來，孩子看電視的時間會變得愈來愈長。

不過以結論而言，我相信各位家長也知道讓電視一開就是好幾個小時並不是好事。電視會刺激的感官只有視覺和聽覺。在嬰幼兒時期讓五感全部得到刺激，可以促進腦部發育成熟。電視所提供的感官刺激只有局部，所以看電視的時間太長，會導致腦部的成長不平均。另外，孩子在看電視的時候，基本上是處於「被動接收」的狀態。只有單方面的接收刺激，缺乏主動採取行為以產生改變的主體體驗。長期持續這樣的狀態會造成孩子發展的偏差。甚至有資料顯示對孩子的語言發展會導致負面影響。

那麼該如何讓孩子看電視又不會影響發育呢。單純讓孩子看電視，對腦部的發育並沒有幫助。更重要的是孩子不在看電視的時候，該如何給予足夠的良性刺激。請不要讓電視充任保母，而是和孩子約法三章，例如「只有媽媽煮飯的時候看」「只看這個節目」；等到父母有空的時候，也請向孩子提供電視做不到的刺激。只要運用得宜，電視可以是強而有力的育兒幫手。

NG

責罵孩子「給我適可而止！」「你為什麼做不到！」

不當管教只會摧毀孩子的韌性

首先我想請教各位父母，請問你責罵孩子的目的是什麼呢？

可想而知，大家都是為了把孩子導向正途。不過，是孩子的「哪個部分」必須導向正途呢？關於這個問題，心理學家的回答是行為（behavior）和想法（thought）的自覺（awareness）。換言之，責罵的目的是培養孩子的自我控制能力，使自己能做出好的「行為」和「想法」。接下來為大家介紹心理學上推薦的責備方式。

為了使責罵能夠得到效果，具備自我控制能力的「人腦」是否發揮功能是關鍵。兩歲以下的孩子，人腦只有一部分會發揮功能。換言之，責罵兩歲的小孩子沒有意義。想要確認腦部的發育狀況，方法是把孩子喜歡的玩具或點心等拿到他的面前，對他做出指示「你忍耐一下，先不要碰喔」，看看他是否能夠遵守。如果他能夠忍耐1分鐘，表示責罵應該可以發揮幾分效果了。

該怎麼做才能讓責罵發揮最大的效果呢？需要責罵孩子的場合大致上只有兩個。一是「做了沒必要的事」，二是「該做的事沒做」。

不論是哪一種，家長必須讓孩子了解「現在該做的事是什麼」。如果沒有提供正確答案，就無法引導孩子。所以要責罵孩子之前，父母必須先確認好「我要告訴孩子的正確答案是什麼」。

另外，即使相信自己提供的答案正確，如果沒有順利向孩子傳達，「責罵」還是不具意義。舉例而言，出聲斥責孩子「你為什麼做不到呢！」「你給我適可而止！」「你真的是夠了！」「你怎麼每次都做不好！」，無法讓他知道自己該怎麼做才對。因為父母只是單純發脾氣，沒有向孩子傳達他錯在哪裡。

向孩子發火，只會讓他以為自己很沒用，做什麼都會失敗。這類負面的經驗如果持續累積，孩子的韌性會完全崩壞。父母責罵孩子，用詞請務必簡單明瞭、態度正向，例如「你應該要這麼做吧」「這樣想比較好吧」。

責罵的語調也很重要。保持溫柔的語氣向孩子循循勸誘是否恰當呢？答案是否定的。責罵孩子的語調必須「帶有決斷力，讓孩子不會忘記」。因為溫柔的口吻可能無法讓孩子知道事情的重要性。

另外，如果孩子的情緒已經很亢奮，父母的語調要更高亢，好吸引孩子的注意力。所以，偶爾用稍微嚴肅的口吻和放大音量對孩子說「不行！」「不可以這麼做！」確實有其必要。不過要注意的是，父母自己也可能一放大聲量，就變得激動起來。結果，反而忘記責罵孩子的原意是什麼。請父母堅定自己的立場，了解用嚴厲的口吻對孩子的目的是「讓他留下深刻的印象」。只要孩子立刻正襟危坐，有自覺「我現在被罵了」，接著請反問他「你知道該怎麼做嗎？」

最後，為了避免破壞孩子的心理恢復力，請父母不時提醒自己，別忘了責罵孩子的最終目的。

處罰必須拿捏輕重

孩子吵鬧的時候，有些父母可能會指著周圍的人告訴孩子「你這麼壞，等下旁邊的阿伯會來罵你喔。別鬧了。」其實，這麼做不但對被指的人沒禮貌，也不是好的責罵方式。因為孩子會想「只要那個人不在我就可以繼續吵了」。同樣的，透過處罰（使其承受痛苦）好讓孩子停止某些行為也不是好的處理方式。因為如果運用不當，以後孩子不論做什麼事，都會以「避免受罰」為出發點。責罵的重點在於向孩子傳達「好的表現和想法會帶來好的結果」。

如果要處罰孩子，請試著用「取消獎勵」來抵銷「不良行為」。舉例而言，向孩子表示「你如果做了〇〇，會被爸爸（媽媽）罵喔！」意味著原本可以從爸爸或媽媽得到的疼愛會被取消。相反的，「只要不做〇〇，就可以得到大人的疼愛」。這樣和「只要當好孩子，聖誕老人就會來」的效果一樣。

如果事先知道有處罰，大人就能夠發揮不去做壞事的自制力，但對孩子而言可能會造成過強的刺激。運用時請務必慎重。

NG 不讓孩子玩樹枝或石頭

牛排炸雞為什麼好吃呢？因為人生來對混合了油脂和鹽分的味道會覺得很美味。人類的祖先有長達幾萬年的時間在熱量與鹽分呈現慢性不足的環境艱困求生。熱量和鹽分都是維持生命的必需品。如果不趁吃得到的時候攝取，就無法生存下去。最後，攝取油脂和鹽分的人變得有利於生存，也因此造就了今天的我們。

不同的是，油脂和鹽分對現代人而言，已成為為了身體健康而不可攝取過量的兩大危險因子。正所謂風水輪流轉，在幾萬年前曾是有利於生存的功臣，如今卻成為讓健康蒙上陰影的隱形殺手。這都要歸咎於我們的腦部從狩獵採集時代開始，至今未曾產生明顯的變化。

更何況，孩子的腦部是按照腦部的演化過程發育。換言之，某些設定即使不利於現在的我們，但是卻有利於遠古時代的祖先，活在現代的我們依然按照這樣的設定過日子。舉例而言，狩獵採集時代的先人們，學習到「使用工具、善於收集」。所以，棒子和石頭在當時是非常重要的工具。這也是為什麼樹枝和石頭被孩子視若珍寶的理由。雖然看在大人眼中，這些都是微不足道的東西，對孩子來說卻是不能輕易放手的珍寶。

樹枝和石頭都是狩獵採集時代的生存利器，所以從某種意義而言，孩子會不斷收集或拿來玩是很自然的行為。等到年紀再大一點，他們的注意力才會轉移到比樹枝和石頭更有趣的事物。

請家長看到孩子帶樹枝或石頭回家，或者拿著玩得很開心時，不要對孩子說「髒死了！」「快丟掉！」而是告訴自己「現在正是他充滿原始求生力量的時期啊」。如果沒辦法和孩子一起玩，也請尊重孩子的想法，讓孩子自己玩個過癮。

NG 從兩歲開始再不教就太晚了！

孩子長到快滿兩歲，會明確表達自己的意志和要求。這個不要，那個也不要，也常表現激烈的抗拒，只要一不順意就發脾氣。這就是所謂的「兩歲的惡魔期」（參照65頁）。

兩歲的小孩我行我素，還不懂得要配合大人的方便。相信不少父母都會覺得很感慨：明明沒多久之前還是那麼可愛的小寶寶，怎麼現在居然變成動不動就發飆的小怪獸呢。如果長時間相處，有些父母可能覺得自己快要招架不住。

面對兩歲小孩的「任性妄為」，家長是否應該好好教育「不可以做的事就是不行」

呢？我認為，面對2～3歲的孩子，與其告知對錯，不如使出「切換需求」的手法，想辦法轉移孩子對欲望的強烈執著，也就是「轉移注意力」。聽到孩子說「我不要！」，如果父母的回答是「不行！」只會讓孩子變得愈來愈固執。另外，以兩歲孩子的腦部發展狀況來看，要讓他們「受教」幾乎不可能辦到。在人腦出現充分發揮功能的徵兆之前，最好還是「轉移注意力」。

說到「轉移注意力」，或許有人以為是欺騙孩子。不過，孩子如果體驗過應該換衣服的時候，自己卻「不論如何掙扎反抗還是被強迫換衣服」的經驗，容易產生無力感，在心裡留下陰影。為了減輕彼此的壓力，家長還不如想辦法轉移孩子的注意力，利用這段空檔趕快幫他穿衣。只要能轉移孩子的注意力，不論是唱歌、擺出逗趣的表情、看電視等，方式不拘。父母太急著教育孩子，對親子都會造成壓力，所以請務必善用「轉移注意力」這一招。

發育成長的負面影響篇

NG 把孩子和其他手足或朋友比較

各位父母是否有過這樣的經驗：當孩子沒辦法順利完成某件事時，立刻浮現「人家〇〇都已經會了」的想法？父母愈是寶貝孩子，「我相信他一定做得到」的期待感也愈強。因此，遇到孩子表現不如預期的時候，心裡真的會又急又氣。明明「其他孩子都做得到」，偏偏「我的孩子就是做不到」，這個現實，只會加深父母的焦慮感。有時因情緒一時激動，便向孩子脫口而出會帶給孩子壓力的話。

以各方面表現都很優秀的手足或朋友當作學習對象並不是壞事。模仿是所有學習的基礎。如果透過比較，可以讓孩子知道「我該做什麼？」進一步讓孩子產生「我也做得到」的想法，當然是件好事，且有利於促進孩子成長。這是行為科學的一個技巧，稱為「仿效（Modeling）」。

但是，如果比較只是用來替孩子的表現打分數，反而會讓孩子產生嚴重的自卑感。如果長期持續，孩子只要一看到仿效對象，就會深深感覺自己不如人。

因為自卑感作祟，因而敵視手足和朋友的情況並不是不可能。心理療法家們的立場，剛好介於督促孩子見賢思齊的家長和為自卑感所苦的孩子。大人的眼中看不到孩子的自卑感，所以無法體會他的痛苦。如果發生這樣的情況，大人和孩子都會受苦。

比較的重點在於家長是否能夠透過範本，讓孩子產生「我有一天也做得到」的期待感，以及了解「這麼做就能夠成功」。即使知道，有時候並不可能立刻好轉。這時，請家長不吝鼓勵孩子「再努力一下就可以達到了！」，好讓孩子能夠維持「對自己的期許」。孩子不需要覺得自卑，唯有能夠對自己產生期待和自信，才能化為付諸行動與努力的原動力。

NG

對兄弟姊妹「一律平等」

重視獨特性勝於平等

或許有些人會覺得出乎意料，居然有許多父母煩惱於「沒辦法給予每個孩子同等的愛」。另外，我們在心理諮商和心理療法的現場中，也時常遇到遲遲無法揮去「小時候在兄弟姊妹之間受到差別待遇」的回憶而尋求協助的案例。這種情況不論對孩子或父母都是種遺憾。是否有方法可以避免這樣的遺憾發生呢？

在社會福祉學和政策學中，這種情況屬於典型的「進退兩難」。愈是追求平等，愈容易產生「不平等」。平等分為「待遇上的平等」和「結果的平等」兩種。不過，每個人的個性各有不同，如果貫徹執行待遇上的平等，會造成結果上的不平等；相反的，如果追求結果上的平等，必定會造成待遇上的不平等。各位聽起來是不是覺得很複雜。家庭的管理上應該以簡單方便為原則，所以請家長放棄要達到一律平等的原則。

除了兄弟姊妹的個性各有不同，每個家庭的狀況也不一樣。父母的人生也會有所謂的機緣和生涯規劃。依照孩子需要時必須提供的資源，當然每個人都不盡相同。對於孩子而言，重點在於不論任何時候，是否感受到父母把自己放在心上的感覺。因為不滿異於兄弟姊妹的差別待遇而前來心理諮商的人當中，有很高的比例表示自己的不滿來自「幫我做的事太少」「無法肯定父母是否愛自己」。事實上，父母即使對每個孩子呵護的程度不一樣，但只要每個孩子都能感覺「受到父母全心的愛」，自己和兄弟姊妹的待遇是否平等倒是其次的問題了。

擁有手足的最重要意義是，在社會上能夠成為「家族」這個團體中的一員。所以，每一個成員要對自己的家族產生認同感和自豪感。是否能夠在家中營造這樣的氛圍很重要。

NG 問題發生時，批評孩子的朋友和老師

孩子的生活圈會隨著成長不斷擴展。從一開始的家庭，慢慢拓展到社區、幼稚園、小學……，和人接觸的機會也愈來愈多。和人相處的過程中，或許有可能和朋友或老師發生不愉快的糾紛。遇到這種時候，家長會如何處理呢？

最不好的處理方式是一味責備自己的孩子，其次不好的作法是批評孩子的朋友或老師。畢竟父母永遠是孩子最堅強的後盾，有時難免會護短而把過錯推到朋友或老師身上。孩子和朋友或老師發生的不愉快，除非對方的態度極為惡劣，否則家長不妨將之視為拓展孩子社會性的機會。但是，父母如果一味把責任推到對方身上，孩子可能會誤以

為「我沒錯，不必反省自己」。

為了在社會上獲得成功，對自己應負的責任產生自覺是很重要的必備特質之一。自覺的基礎來自腦部的成長，其發展進度雖然因人而異，基本上到了3～4歲，或多或少都會發展出自己該負責任的意識。大多數成功的人，即使自己是糾紛的受害者，也會自覺沒有努力降低「成為受害者的風險」。能夠承認自己也要負幾分責任，所以能力降低受損的機率。發生糾紛或衝突時，保持「有錯就改；如果錯不在我，就學習如何避免麻煩找上身」的態度很重要。

所以，家長不宜輕易包庇孩子，首先要確認「糾紛發生的前因後果」。進行確認的原則是，先把「是非對錯」擺一邊，客觀的確認事實為何。請把焦點集中在「現在該做什麼／不該做什麼」，讓孩子有機會反省「我應該怎麼做」。若能發揮智慧解決糾紛，它也是成長的機會。請家長務必把握這樣的機會，不要只流於謾罵批評。

專家問卷調查❷ 後天的教育方式和與生俱來的特質，哪一方面的影響力比較強呢？

• 我認為充分找出孩子天生的特質是育兒的價值所在。我認為向他們灌輸不是與生俱來的東西，**從真正的意義看來，並無法促進孩子的成長。**（末武康弘／男性58歲／心理臨床師．大學教授／兒子22歲、女兒19歲、女兒16歲）

• **正如天性和環境的影響力是3：7（或4：6）的說法，我也覺得環境的影響力比較強。**孩子天生的特質要能夠發揮，少不了父母的努力（製造環境）。父母在提供孩子成長的環境時，要意識到這一點不斷努力。孩子在這樣的環境下會不斷累積所學。（M.M／女性／臨床心理師／女兒1歲）

• 我認為**與生俱來的特質所發揮的影響力比較強**。我自己有三個孩子，從他們三個人的個性，我常常感覺到血緣的影響力。不過，在保有原有個性的同時，讓他們學會穩定情緒、培養抗壓性等方面，我覺得教養方式的影響比較大。（S.T／女性58歲／心理臨床師／兒子22歲、女兒19歲、女兒16歲）

• 我想應該是**教育方式的影響力比較強**。不過如果從各別領域來看，我覺得有些項目受天生個性的影響較大（例如對新奇事物抱持著恐懼或躍躍欲試的態度、會不會馬上掉眼淚還是很少哭等）。（Naomaru／女性43歲／臨床心理師／兒子1歲）

• 我的想法是**兩者會產生相互作用**。不過我到現在還不是很清楚要怎麼做，能力讓天生的素質和環境發揮最大的相互作用。所以，育兒雖然不簡單，但也有不少樂趣。（蘋果／女性49歲／心理學家／兒子10歲）

專家
問卷調查
❸

請問專家自己家裡採用的是不責罵／讚美的教育方式嗎？

● 當我讚美孩子的時候，有時候只是單純的稱讚，有時候則是和她一起回顧**「你會做～～了很棒」，讓孩子體驗到她做了很棒的事。**相對的，責罵孩子時，我認為父母不能表現得情緒化，因為這樣只會讓孩子變得很激動，完全聽不進大人要表達的重點。所以我會用讓孩子知道「現在是父母向我說教」的口吻，**冷靜地向她說明不可以做那些事。**（N.S／女性39歲／心理學家／女兒2歲）

● 我也曾出於一時的情緒而責罵孩子，稱不上是「不責罵」的教養方式。我覺得有時候要直接向孩子表達我在生氣，如果當下的表達方式太過情緒化，**事後再向孩子道歉，好好說明就好了。**（Y.I／女性38歲／臨床心理師／女兒8歲．6歲）

● 我希望藉由當孩子有好表現時讚美的方式，讓孩子得到更大的進步。因為行為改變的基本，就是以鼓勵的方式促進適應行為。教導社會規範時當然也是如此，**與其用責罵的方式，我都會具體地告訴孩子「你要這麼做喔」。**父母如果大發脾氣，痛罵孩子，只會強化孩子察言觀色（或者撐過去）的傾向（當然，這種做法或許對父母比較輕鬆，但我覺得對孩子並不好）。（山本哲也／男性34歲／認知神經科學與臨床心理學家．臨床心理師／女兒4歲．1歲）

● **我認為用恐怖高壓的手段進行控制，很難發揮真正的效果。**我會常常提醒自己責備孩子的時候不要感情用事、如果孩子確實改善要適時讚美他、讚美時不要只說「好棒」，而是要具體指出他的改善和成長之處，讓他產生足夠的意識。（蘋果／女性49歲／心理學家／兒子10歲）

專家
問卷調查
4

孩子還不滿3歲，應該要教他不能說謊嗎？想聽聽專家自己的經驗。

● 我的小孩會說謊（明明已經大便了，卻說沒有之類的・笑）。雖然她撒的都是無傷大雅的小謊，不需要特別說教，而且以孩子的立場來說也算情有可原（以上述的例子而言，小孩通常覺得換尿布很麻煩），但我也會**根據她講的謊話，告訴她撒謊的壞處**（以上述的例子而言，我會告訴她屁屁擦乾淨了就不會痛了）。（N.S／女性39歲／心理學家／女兒2歲）

● 3歲以下的孩子，即使所說和事實有所出入，我也不會認為是在說謊。與其糾正她什麼才是事實，**我會揣摩他的心情，推測她為什麼會說謊的原因**，全心接納。（Y.I／女性38歲／臨床心理師／女兒8歲・6歲）

● 如果孩子還不滿3歲，我覺得他會說謊並不是出於惡意，而是一種（如艾利克森所說）表現出羞恥心和罪惡感的發展過程。或許是他的「願望」或幻想。所以我不會馬上認為他是故意「說謊」，而是聽聽他怎麼說。如果是**「羞恥或罪惡感」，就好好開導，讓他勇於面對。如果是所謂的幻想，就聽他和我分享就好了。**（蘋果／女性49歲／心理學家／兒子10歲）

● 不到3歲的小孩子還無法完全分辨幻想和現實，**有時候並不是故意說謊**，所以我不會特別責怪他們。（N／女性39歲／臨床心理師／女兒20歲、兒子10歲）

第4章

心理學家・腦科學家給夫妻的關係經營處方箋

比起追求完美的育兒，更應把媽媽放在第一位

對媽媽的尊重有助孩子的情緒穩定

「育兒爸爸」在日本已經成為稀鬆平常的一個詞。一般的認知是爸爸參與育兒的積極程度，和媽媽與孩子幸福指數呈正比。不過，根據我們的研究室所進行的調查，實情似乎並沒有那麼單純。

爸爸參與育兒的真正重點是夫妻關係。即使爸爸積極參與，卻老是挑媽媽的毛病，例如教育方式或日常照料的流程等，反而會造成媽媽的壓力。抱著「雖然感謝另一半照顧孩子」的想法，實際上卻覺得很困擾的媽媽並不在少數。情況嚴重的家庭，甚至會出現爸爸誤以為「挑剔妻子的做法是好事」。妻子如果遇到這種先生，心情無疑會非常鬱

悶，覺得被壓得喘不過氣。以結論而言，對孩子的成長會造成負面影響。說得具體一點，孩子容易變得纖細敏感、無精打采。或許很多人沒想到，爸爸一個人的態度，竟然對孩子的成長產生如此大的影響。

若追根究柢，為什麼會有一部分的爸爸，明明沒有惡意，卻會讓媽媽產生壓迫感呢？大多數的男性，因為腦部的結構所致，集中於「工作任務」的部分容易變得活絡。對育兒愈是熱心的爸爸，愈容易出現「一定要把孩子照顧到最好！」的傾向。問題是為了達成目標而全力以赴的同時，負責察言觀色的「猴腦」容易停滯。結果造成爸爸不自覺向媽媽採取咄咄逼人的態度，不斷向她下指示「你不覺得這麼做比較好嗎、不要那樣做比較好嗎」。這時，大多數的爸爸都深信自己的作法絕對正確，認為「我是在幫助你把孩子教得更好，所以你應該要感謝我」。但是抱著這樣的心態，只會更不容易察覺媽媽真正的心情。

為了提升孩子的教養品質，在夫妻關係方面，最重要的必要條件是爸爸對媽媽的尊重。根據我們的調查（摘錄自作者指導的博士論文／五味美奈子・目前擔任浦和大學兒童學系專任講師。），只要媽媽覺得「孩子的爸很尊重我！」單憑這一點，孩子出現問題行為的機率不但大幅降低，情緒也能保持穩定。所以，請爸爸在追求「完美育兒」之前，先重視媽媽的感受。

另外要注意的是，不僅限於夫妻關係，有關「是否受到重視」這點，男性和女性的認知會出現落差。雙方認知的落差難以避免，但是，爸爸該怎麼做才好？接下來會為爸爸逐一介紹，總之，請以保持夫妻良好關係為最大前提。根據我們的調查，如果媽媽有感覺到「爸爸為了我付出許多」，同時爸爸沒有施恩心態「我為了媽媽努力做了很多事」，媽媽就能確實感受到「爸爸很重視我，我覺得受到尊重」。換句話說，爸爸以謙虛的態度「我還有很多地方做得不夠好」，同時盡可能地提供媽媽協助應該是再好不過。

最令人惋惜的莫過於爸爸得意忘形，不自覺流露出「我幫了你大忙」的態度。即使實際上付出很多，但只要爸爸有這種想法，媽媽自覺受到重視的感覺也會跟著打折扣。所以請爸爸提醒自己，不要表現出「我這個大忙人還特地來幫你」的施恩態度。

當然，最糟糕的情況是爸爸沒有參與育兒的意願。唯有爸爸打從心底認為「我也能夠享受到教養孩子的樂趣，真是太感恩了」，不僅爸爸本身，媽媽和孩子也會覺得幸福。請爸爸務必記住，心念一轉，就能帶給全家人幸福快樂。

經營夫妻關係篇

經常說感謝的話

讓夫妻成為「經營家庭」的共同夥伴

並不是只要有血緣和親情，家庭就會自動充滿幸福。比血緣和親情更重要的是信賴。那麼，信賴從何而生呢？信賴的第一步始於大家擁有共同的目標。以夫妻而言，「白頭偕老」就是最初的目標。有了孩子之後，則有了「教出好孩子」的遠大目標。等到孩子懂事之後，由父母、孩子攜手打造「幸福的家庭」就是每個家族成員的共同目標。

那麼，父母為了成為共同經營幸福家庭的夥伴該怎麼做呢？根據我的實驗室所進行的研究，得知幾個方法。爸爸可利用這些方法討媽媽歡心，而且效果很好。

首先，爸爸在日常生活中，三不五時在口頭上向媽媽表達感謝。對我們每個人而言，自己的存在若能讓重要的人感到喜悅，一定會感到很自豪。自己的存在能夠獲得別人的感謝，對當事者本人而言就是最大的喜悅。所以，請務必把內心的感謝說出口。

相對的，收到禮物所得到的喜悅則是來得也快，去得也快。根據我們以正忙於育兒的媽媽為對象，針對「爸爸的哪些行為讓你覺得自己受到重視」所進行的調查，各位媽媽的回答並沒有包括「送禮物」。但是，針對爸爸「為了表示自己很珍惜妻子所做的事情」所進行的調查當中，「送禮物」卻是出現頻率很高的回答。當然了，媽媽並不討厭收到禮物，但是忙於照顧孩子的媽媽真正想要的另有他物。

其中之一便是剛才提到的爸爸口頭上的感謝。小孩是很麻煩的生物，而且大多任性不聽話，但卻一定要仰賴媽媽的照顧。更無奈的是，即使媽媽為了孩子再努力，照顧得無微不至，也聽不到孩子說一聲謝謝。如果依照母性本能的理論（參照45頁），「母親照顧孩子會感到喜悅」「只要看到孩子的臉龐就覺得幸福」，但實際上，只有這些並不足以成為讓媽媽支撐下去的原動力。照顧孩子是勞心費力的工作，既要應付孩子鬧脾氣大哭大叫，還得在孩子闖禍後負責收拾殘局。即使俗話說為母則強，但媽媽也會有傷心、難過的時候。

在媽媽心力交瘁的時候，能夠替媽媽加油打氣的就是爸爸。這時，爸爸不可搞錯重點，你要感謝媽媽的原因並非「你幫忙照顧孩子」，而是針對「感謝能和你相遇」「感謝你能和我結婚」「謝謝你替我生了可愛的孩子」等媽媽存在的本身表達感謝。如果把感謝的焦點放在「照顧小孩」，會讓媽媽覺得不開心「難道我是生孩子的機器嗎？」反而悲從中來，那就適得其反了。如果要針對育兒表示感謝，不妨用「如果換是我就辦不到，但你可以做得那麼好，太厲害了！」表示，讓媽媽感受到你對她的肯定。

把感謝的話直接說出口，爸爸或許會覺得有點難以啟齒，但心裡的想法若是沒有說出口就無法傳達。即使覺得不好意思，請還是勇敢說出口。「既然都是家人，不必說出口也知道」這種想法是幻想。請多用語言表達自己的想法。

當然，溝通是雙向的，所以媽媽也要向爸爸表示感謝。為了經營幸福的家庭，爸爸努力在外面工作打拼。建立彼此互相感謝的關係，是創造幸福家庭的第一步。

爸爸要支持媽媽帶孩子回娘家

大家知道與孩子的智能成長、有無問題行為的發生最息息相關的因素是什麼嗎？答案是媽媽的育兒壓力。設法讓媽媽免於承受育兒的壓力，是改善育兒品質的關鍵。說到如何減輕媽媽的壓力，回娘家就是其中的方法之一。

如果媽媽和自己的父母互動良好，帶孩子回娘家對雙方皆大歡喜。一來阿公阿嬤可以享受含飴弄孫的樂趣，而媽媽也可以趁機稍微喘口氣。更重要的是，父母對照顧孫子的差事甘之如飴。阿公阿嬤的呵護讓孩子倍覺開心，媽媽也樂得輕鬆。對壓力沉重的育兒生活而言，能夠擁有這種忙裡偷閒的時刻，可說彌足珍貴。

不過，有些爸爸對於媽媽要回娘家這件事，似乎頗有微詞。尤其是媽媽單獨帶著孩子回娘家，讓有些爸爸覺得心裡不是滋味。但是，不知道爸爸是否曾想過，如果媽媽背負著過多的壓力，對孩子會造成哪些負面影響呢。接著和大家說明壓力的影響力。

根據我的研究室的調查，發現嬰幼兒期的小男生發生情緒控制問題的機率，和媽媽累積的壓力多寡成正比。所謂的情緒控制問題，包括堅持己見、沒有自制力、喜歡和人唱反調、很容易不高興等。至於女孩子，則有膽小依賴心強、容易使性子、自律性不足等傾向出現。媽媽是孩子最仰賴的對象。對嬰幼兒的孩子而言，媽媽的存在幾乎佔據了他所有的世界。所以各位應該不難想見，如果孩子面對經常顯得心情煩躁、鬱鬱寡歡的媽媽，也難怪他的情緒會變得不穩定了。

嬰幼兒期是「猴腦」的充實期，從許多徵兆已經顯示，孩子已經可以在某一程度上配合周圍的情況。而且這段時間也是他體驗到「自己任意採取行動→失敗」，因而學會抑制衝動的時期。原本應該利用這段時間發展的能力，如果錯失發展的機會就太可惜了。

另外，處於高度壓力之下的媽媽，容易對孩子採取嚴厲的態度。遺傳行為學的研究顯示，包括爸爸的態度在內，父母愈嚴厲，孩子愈容易發生問題行為。父母採取嚴厲的態度，大多是因為孩子表現不佳，但父母的心理狀態若已陷入緊繃，態度會變得過度嚴格。盛怒之下，他們可能會對孩子大聲咆哮，脫口說出打擊孩子自尊心的氣話，還有表現出第3章介紹的不當態度。孩子若成為父母的出氣筒就太可憐了。媽媽與孩子單獨相處的時間更長，累積的壓力相對增加，所以更容易用咄咄逼人的態度對待孩子。

但媽媽只要三不五時回一趟娘家，就可以大幅減少這樣的風險。衡量利弊得失之後，以後只要媽媽想回娘家，請爸爸立刻表態支持。「爸爸支持媽媽帶孩子回娘家」，是真正能討媽媽歡心的事情之一。減少媽媽的壓力，等於守護孩子的成長。當然，媽媽也需要考慮爸爸的心情，但總而言之，請爸爸爽快成全媽媽回娘家的心願。

經營夫妻關係篇

只要有時間請多陪伴孩子

前一篇和大家提到回娘家是媽媽的減壓良方。那麼，為了減輕媽媽的育兒壓力，爸爸還能做些什麼呢？講起來一點也不特別，但只要爸爸願意多花點時間陪伴孩子，媽媽就會覺得很高興了。以心理學的角度而言，這件事代表兩個意義。

第一是媽媽可以從罪惡感中解脫釋放。腦部的發展愈順利的孩子，愈希望大人陪伴。但是，個性愈認真實在的媽媽，愈容易因為沒有回應孩子的需求而產生罪惡感。這時，如果有爸爸充當孩子的玩伴，媽媽就不會自責。媽媽如釋重負，精神上的疲勞也會大幅消除。只要讓媽媽的心情保持幾分從容不迫，爸爸和孩子都會成為最大的受益者。

一來媽媽對待孩子和爸爸的態度會更溫柔，做起家事來也會更有效率，可以省下不少時間。甚至連帶產生許多意想不到的收穫。

第二個意義是促進媽媽對爸爸的感情增溫。妻子雖然已成為孩子的媽媽，但對爸爸而言還是女性。基於原始的本能，女性除了憂慮男性會對自己失去興趣，也會擔心他是否對其他女性產生興趣。目前已經證實，這樣的心理在孩子出生後會表現得更明顯。

根據演化心理學的「父母投資理論」，包含投入於育兒的時間和身心負擔等，女性的付出壓倒性超過男性。所以女性基於本能，會喜歡感覺和自己一樣，願意把人生投資在育兒的男性。這也是為什麼喜歡孩子的男性，容易博得女性好感。如果知道自己找的是在育兒上願意同等付出，而且又不會移情別戀其他人的伴侶，媽媽出於本能的安全感就會提升不少。

爸爸多陪伴孩子，除了讓媽媽的心情得到解脫，也能夠提升她的安全感。

經營夫妻關係篇

夫妻共同體驗孩子成長的喜悅

雖然鼓勵爸爸參與育兒的社會風氣儼然成形，但放眼全世界，日本的爸爸仍然為工作疲於奔命是不爭的事實。許多爸爸不是不明白自己應該積極參與育兒，幫助媽媽減輕負擔，但是，「心有餘而力不足」「回到家就想好好休息」卻也是爸爸真實的心聲。

如果媽媽期待爸爸回家後，能夠幫忙做家事或帶孩子，有些爸爸甚至會出現「不自覺的放慢回家的腳步」「為了避免被妻子責罵，假裝忙於工作，拖到很晚才回家」等情形。

不知道我接下來要講的內容對這樣的爸爸是好是壞，事實上，最能夠討媽媽歡心的事莫過於「爸爸有好好聽我說話」。

包含解說在內，接下來為各位介紹我們研究室針對媽媽的調查：「爸爸聽你說話時，怎麼樣的方式你最喜歡」。爸爸的工作繁忙，或許沒辦法照單全收，但請在有餘力的時候實踐。我相信媽媽一定會覺得很開心。

「聽我敘述平凡無奇的一天所發生的每件事」

爸爸白天出門上班，幾乎都不在家，對媽媽而言，爸爸是否表現出對這段期間家裡發生什麼事的關心，似乎很重要。如果疏忽了這點，媽媽可能會覺得不滿「你對我和孩子都漠不關心！」為了避免媽媽生氣，請適度表現出關心。

「聽我講照顧孩子的事」

媽媽在家照顧孩子，有時候難免會因為孩子不聽話而煩心，但是又很難向爸爸以外的人吐苦水。此時爸爸應該當一個稱職的傾聽對象。而且過程中爸爸也會聽到一些關於孩子的新資訊。不論是孩子的成長或育兒的苦與樂，媽媽都希望能和爸爸一起分享。

「儘量找機會聊天」

重點在於讓媽媽感覺「你盡力了（時間的長度）」。實在太過疲勞而無法專心傾聽時，只要讓媽媽感覺到你有付出想「抽出時間」的誠意，相信她還是一樣開心。

「願意充當工作、家務、育兒方面的商量對象」

如果媽媽也在上班，有時應該也會想找爸爸商量工作上的事。工作與育兒兩頭燒的媽媽，必須承受的壓力也更多，當她有話想說時，請爸爸務必好好傾聽。重點是「不要給太多意見」。爸爸給的意見有時候確實能派上用場，但有時聽在媽媽耳裡，卻感覺像是批評。雖然對工作繁忙的爸爸而言不容易，但請從默默聆聽做起。

「共同體驗孩子成長的喜悅」

對媽媽來說，這是和爸爸聊起來最開心的事。能夠和自己信賴的伴侶共享喜悅，相信喜悅也會加倍。除了加深夫妻間的情感，也能夠以共同撫養孩子的夥伴身分，為彼此加油打氣。

大多數的爸爸都是大忙人，要做到上述的程度恐怕是奢求。但是，在行有餘力的時候好好聆聽媽媽說話，讓媽媽對自己產生信賴感很重要。因為如果受到信賴，爸爸也會更有意願聆聽媽媽說話。

交談在彼此意見常常相左的育兒事業上，是最重要的項目之一。請父母意識到溝通的重要性，也要仔細聆聽對方說話。

經營夫妻關係篇

和彼此的原生家庭保持良好關係

爺爺奶奶和外公外婆在孩子的心目中佔有重要的一席之地。根據心理學的研究，已經得知在人的童年時期，祖父母和父母、朋友並列為重要的心理支柱。

尤其是女孩子到了青春期，為了與自我達成妥協，心靈更需要依靠。如果有個對象讓她可以「盡情傾訴無法對父母說出口的事」「只要待在她身邊就覺得心安」，例如奶奶或外婆，她的情緒就容易保持穩定。穩定的心理狀態是學業和人際關係的基礎。在往後的人生道路的抉擇上，也有人會以「奶奶的人生」當作範本。由此可見，奶奶的存在對女孩子而言是如此重要。

當然不只有奶奶，爺爺的存在也很重要。爺爺的存在讓孩子更有安全感，知道不只有父母會保護自己。而且透過爺爺也能知道自己的家族根源，掌握「自己來自何處」，進而掌握生命的方向。

青春期和青年期對自我感到徬徨無助的時候，這份安全感和「自己的根」能夠發揮精神支柱的效果。另外，拜爺爺奶奶所賜，孩子還能感受到「只要有人看到我就很開心」「會拿到零用錢」「會陪我玩」等美好的感覺，讓童年變得更幸福。

不僅如此，對父母而言，雙方的原生家庭是育兒上重要的「支援部隊」。不單是幫忙照顧孩子，對媽媽而言，有些話向先生開不了口，只有對父母才能傾訴。育兒上若能得到雙方原生家庭的協助，大家都能受惠。請各位務必和雙方的原生家庭保持良好的關係。

不過，夫妻間和對方的原生家庭的相處情況又是如何呢？實際在諮詢的現場，很多父母都曾表示對彼此的原生家庭，抱著一言難盡的心情。雖然彼此是透過婚姻而成為家人，不過對長輩而言，媳婦和女婿畢竟有別於自己的親生子女。儘管沒有惡意，這樣的差別待遇很可能終究會引發媳婦或女婿的心理不平衡，甚至為此煩惱不已。

尤其是育兒理念與做法，如果媽媽的想法和婆家不一樣，有可能為此種下難解的心結。請爸爸一定要正視這個問題的嚴重性，成為媽媽堅強的後盾。成為父母和妻子之間的夾心餅乾，因而陷入左右為難的情況的爸爸似乎不在少數，但是為了妻子和孩子，這也是無可避免的壓力。

除此以外，媽媽如果和自己父母的感情太好，可能會讓爸爸產生疏離感，甚至提不起勁好好經營自己的家庭。舉例而言，假設爸爸忙著工作不在家的時候，媽媽帶著孩子回娘家，和娘家的家人處得和樂融融。這時，聰明的媽媽別忘了強調爸爸的重要性。即使只向爸爸簡單說一句「爸爸不在，感覺就是少了什麼！」爸爸的感受就截然不同。如果媽媽的父母也幫腔「一家之主不在就是不一樣！」效果更好。

最後，意識到「不自覺拿雙方的原生家庭相比」的心理自覺也很重要。

每個人出身的家庭不同、價值觀不同，難免有時候會和對方比較，忍不住出口反駁「我家以前都是這樣做」「如果是我父母會這麼做」等。雖然沒有血緣關係，但公婆或岳父岳母畢竟是長輩，所以面對這些長輩時，請把他們奉為人生的前輩，以謙虛的態度請教孩子的教養問題或其他方面的問題。即使沒有得到熱絡的反應，但透過這些許的互動，通常能夠讓原本沉重的心情稍微獲得舒緩。一方面也是為了孩子著想，請父母務必多多想辦法和彼此的原生家庭維持融洽的關係。

夫妻間的地雷篇

NG

不論育兒或家事皆採取分工制

大家覺得分工制合理嗎？

畢竟每個人都有擅長和不擅長的領域。勉強一個人去做他不擅長的事，除了浪費更多時間，成效也不理想。把事情交給擅長的人去做，可以在短時間內完成。而且，工作如果不分工，可能會演變成多頭馬車的情況，導致效率低落。

不論是工作還是其他領域，事前做好分工「你負責這個部分，我負責那個部分」，才不會混淆不清，最有效率。那麼，夫妻間該怎麼做好責任的分工呢？

做好職務分工，大家各司其職是合理的作法，但以夫妻關係而言，如果職責劃分得太過清楚，反而可能會影響夫妻之間的感情。夫妻關係中的職責劃分，必須建立在「雙方不會互推責任」的前提，也就是「為了方便行事，我們進行職務分工，但每一項職責的責任是共有制」，才能順利運作。

舉例而言，假設夫妻約定好，打掃由媽媽負責，爸爸則負責洗衣服。不料，媽媽忙著照顧孩子，忙到沒有時間打掃，沒時間清理地板上掉落的食物碎屑。也可能是媽媽忙到分身乏術，所以沒有注意到。這時，爸爸注意到灑落在地板上的食物碎屑，若無其事的把地板擦乾淨。如果剛好被媽媽看到了，爸爸還會有點不好意思的辯解「我是順手啦……」「照顧孩子很累。地板我來擦就好」，而且沒有停下手邊的動作，繼續擦地板。夫妻雙方如果能以這種型態各司其職是再理想不過。

不過，如果職務分工不具任何彈性，要求對方一定要負責完成原先協議好的工作，夫妻雙方當然會對另一伴心生不滿。如果硬性規定「我做這個，你做那個」，感覺像簽了無形的契約。如此一來，其中一方要是沒有好好打掃，代表沒有履行合約，不負責任。所以另一方會想「我已經把衣服洗好了，但是你為什麼沒有打掃！」因此生氣。

當有這種想法，表示他的腦中已經啟動了「騙子偵測機制」（參照196頁）。人不會輕饒背叛自己的人，所以會不斷攻擊對方。最糟糕的情況是演變成輕蔑對方，例如爸爸對媽媽嗤之以鼻「你連打掃都做不好」。

透過婚姻諮商，我們已經很清楚在各種破壞夫妻關係的因素當中，輕蔑是破壞力最強的情感。撇開夫妻關係不談，在人與人的溝通上，輕蔑也是釋放出最強烈惡意的訊息。不論是誰，一定忘不了自己被人當成傻瓜瞧不起的感覺。雖然氣得牙癢癢的，但是又無可奈何，所以那種討厭的感覺永遠揮之不去。

如果讓自己產生這種感覺的對象是另一半……。夫妻關係建立在信賴的基礎上，所以「你怎麼可以背叛我！」的感覺更為強烈。原本應是共同攜手度過人生，一起撫養孩子的伴侶，現在成了最兇惡的敵人。我想大家都不希望演變到這樣的地步。

職責分工確實是很合理的作法，從工作和日常生活的型態來考量，也很符合實際需求。但是，如果一味要求伴侶要盡到「本分」，把原本的協議當作「交易」，很可能會使夫妻關係趨向惡化。爸爸若表現出「小孩的事都是媽媽負責」的態度，也會招致同樣的後果。

不論家事還是照顧孩子，建立「誰有空誰就做」「責任要兩個人共同承擔」的共識很重要。同時也請提醒自己，不要抱著「這不是我的責任」「這個部分不是我來負責，所以我不做」的想法。

夫妻間的地雷篇

NG

當著孩子的面吵架

讓孩子知道其實「父母的感情很好」

很多人從以前就認為如果想培養孩子的社會性，最好不要讓孩子以為雙親的感情不睦。這個說法是正確的。不過，夫妻關係比想像中複雜，絕非三言兩語就能交代清楚。有時候，彼此是互相信賴、依靠的伴侶，但如果單方面對對方產生過度期待，但又無法如願，對方在自己心目中就可能化為「可惡的背叛者！」請大家捫心自問，是否曾不經意地在孩子面前抱怨先生或妻子，或者雙方當著孩子的面吵架呢？各位可知道，在孩子面前說另一半的壞話，或是發生口角爭執，對孩子會造成何種心理負擔嗎？

「騙子偵測機制」是每個人與生具備的本能。這個機制位於腦部深處，只要稍有契機產生就會不自覺的啟動。當然孩子的腦也不例外，一樣會啟動。對生存於社會的人而言，最大的威脅莫過於被同伴背叛，落得身首異處的下場。所以，有必要儘早發現被人背叛的風險。

但是，麻煩的是這是出於本能的機制，所以無法依照自己的意志自由切換。而且還有一個最大的缺點是偏偏很容易在不應該啟動的時候啟動，比如父母吵架或彼此說對方壞話，稱得上是彼此處於敵對狀態的時候。

孩子仰賴父母的照顧而活，所以一定得選邊站。只要選了某一邊，另一邊就會成為敵人。請父母設身處地為他想想，孩子還這麼小，就必須體驗把父母當作「背叛者」的痛苦。我想這種痛苦已經到了近似虐待的程度。

當然，夫妻吵架是難免。夫妻都是獨立的個體，有時候會意見不和是很正常的事。重要的是，不論是吵架或抱怨對方之後，一定要讓孩子知道「其實爸爸和媽媽的感情很好。正因為感情很好，才不怕吵架，也能夠包容對方說自己壞話」。即使孩子太小還無法理解，但是讓他確信「爸爸和媽媽的感情很好」是很重要的事。

如果再把要求提高一點，能夠做到讓孩子知道「就是感情好才會吵架」就更好了。從這件事也可以順便讓孩子體驗「人與人之間的牽絆不會那麼容易被破壞」。在社會上真正獲得成功、能夠得到提拔的人，都有一個共通點，那就是他們都能夠順利化解「些微的爭執與糾紛」，進一步與對方加深彼此的關係。因為資質優秀而備受好評的人，即使受到幸運女神的眷顧，頂多維持到25歲。

夫妻之間的關係很複雜，難免會有造成彼此不愉快的時候。想要隱藏不愉快的情緒，卻可能還是掩飾不了。重要的是，即使發生了種種不愉快，還是要顧及孩子的心情，最後一定要讓孩子知道「父母的感情很好，但有時候也會吵架。可是吵架也證明我們是彼此信賴的」。

NG

孩子說謊或搗蛋，父母採取一貫標準

過於嚴格反而可能讓孩子留下心理創傷

「撒嬌」是一個人能夠仰賴別人的心靈基礎，在某種程度上是必要的。但是，當孩子的腦部仍由「鱷魚腦」掌控，也就是還在「依照本能追求眼前快樂」的階段，父母如果太過寵愛孩子，對他有求必應，那麼只要孩子的需求無法得到滿足，情緒很可能會像鱷魚一樣失控。

因此，除了讓有關忍耐與察言觀色的「猴腦」發揮作用，父母也必須教導孩子如何忍耐，以及體會被讚美所得到的喜悅。父母可以告訴孩子「如果你能夠忍耐就太厲害了」。發展快的孩子，大概從4～5歲開始，猴腦的作用就開始逐漸發達。

就腦部發展的階段而言，這是難度很高的任務。舉例而言，請想像孩子在搭捷運的時候，想坐下來卻沒有空位的情形。孩子即使知道自己能夠好好站著，忍住不要動來動去的行為值得讚美，卻還是忍不住放聲大哭「我好想坐下來！」造成父母尷尬不已。這時是鱷魚腦（需求）的支配力強於猴腦（忍耐）的時期，所以孩子缺乏忍耐力。要教會這個年紀的孩子忍耐，真的非常辛苦。雖然在教導的過程中，孩子和父母都會覺得有壓力，但為了孩子的成長，學會忍耐確實有其必要性。

重點是父母要遵守同樣的命題，也就是「對孩子要採取一貫的態度」。父母能夠替孩子做的事情之一就是讓他養成「好習慣」，但雙親的態度如果不一致，好習慣就不容易養成。

舉例而言，假設父母的標準不一樣，孩子做了好事，有時候會得到稱讚，有時候則沒有，或者哭的時候有一邊會給點心，有一邊不會給，會讓孩子感到困惑，造成情緒不安。要證實這個說法是否正確，無法以人進行實驗，但透過重複的動物實驗，已經證實確實是如此。所以請父母特別注意這一點，好讓孩子不會無所適從。

不過，對孩子該嚴格到什麼程度，也是讓人傷腦筋的問題。尤其是情節重大的謊言或惡作劇。例如孩子和朋友發生爭執，一口咬定「我才是受害者！」結果發現先動手惡作劇的其實是自己孩子。面對這種情況時，想必父母會覺得大受打擊。同時也會煩惱該如何處理。

以結論而言，在不超出孩子所能承受的範圍內，嚴厲指責他確實有必要，但父母如果口徑一致，同樣採取「絕對不能原諒你」的嚴格態度，並不是毫無風險。在遺傳行為學已經證實「當環境愈嚴苛，遺傳的影響力就會變得愈強」。換言之，如果孩子具備容易感到不安的基因，嚴格的教育很可能會誘發問題行為的發生。

當然，以倫理道德的考量而言，父母展現出「絕對不允許出於惡意的謊言或惡作劇！」的態度是對的，但是如果兩個人都扮黑臉，孩子該怎麼辦呢？讓他懂得反省「我怎麼做了這種事」很重要，但不需要讓他留下心理創傷，覺得「爸爸和媽媽都放棄我了」。

心理創傷並非短時間能夠痊癒。孩子的心靈一旦受創，原本深信是避風港的家，但現在置身其中，卻只覺得被逼得喘不過氣。當然，是孩子有錯在先，不該說謊，但原因有時要歸咎於腦部發育的進度較遲。請父母讓他處在適合腦部發育的環境。

請父母事先協調好，一個人負責扮黑臉，在孩子做錯事時「嚴厲追究」，另一個人扮白臉，讓孩子「有台階可下」。請父母務必記住，責罵的目的是為了讓孩子「後悔與反省」（＝學到「這是不被允許的事」，僅是如此也算是輕度的心理創傷），而不是讓他留下過度的心理創傷。

負責詰問孩子的一方在結束對孩子的訓話之前，也要確實讓孩子感受到「父母不會放棄你」。等到孩子的年紀再大一點情況會變得更為複雜，但至少讓孩子有個安全感的童年時期，對腦部的發育比較有利。

專家
問卷調查
5

請專家談談你對大腦開發和智力開發的看法？

• 我認為在嬰幼兒期，**鍛鍊身體功能比鍛鍊腦部重要，所以應該讓孩子多在外面玩。**孩子有興趣的玩具，例如積木等，偶爾剛好對智力開發的發展有些幫助，但我不會特意去買發展智力開發的教具給孩子。（米田英嗣／男性39歲／心理學家／兒子5歲）

• 我認為讓孩子接受一般認為有助發展的活動，**藉此讓父母得到成就感和滿足感，對孩子而言絕對不會有負面影響。**但是對孩子是否直接帶來正面的影響，我倒是半信半疑。（Y.I／女性38歲／臨床心理師／女兒8歲・6歲）

• 我想父母的初衷是配合孩子的發展階段，讓他或多或少透過適合的遊戲，讓能力得到發展，但是受到「大腦開發」和「智力開發」等專有名詞的定義所侷限，採用的技法流於照本宣科，很可能演變成根本不是為了孩子好。**我建議父母要好好看看眼前的孩子，聆聽孩子真正想要的是什麼，心裡又在想什麼、有什麼感受，再以順著孩子本性的方式讓孩子盡情發展。**我想這樣做就能替大腦開發和智力開發奠下基礎。（增本直樹／男性52歲／臨床心理師／女兒1歲）

• 我認為**大腦開發和智力開發，算是孩子與父母互動的延伸**。CD和DVD除了給孩子聽和看，父母還要把它們當作和孩子溝通的工具，這樣才會發揮作用。（M.M／女性／臨床心理師／女兒1歲）

• 我想與其在意能力是否得到提升，最重要的是讓孩子感受到父母希望她能夠幸福快樂的心意與關懷。當然還有自己全力以赴的充實感。孩子從父母為了自己不惜努力的姿態，能夠**確實感受到自己被愛。這**

點才是最大的收穫。（C.N／女性39歲／臨床心理師．保育師．發展心理學研究者／女兒13歲）

● 「大腦開發」和「智力開發」這些詞彙讓我感到有些困惑。雖說如此，我也讓孩子從嬰幼兒期參加運動和藝術的才藝班。雖然我覺得還不滿1歲就急著大腦開發和提升智力開發有點過頭了，但是現在不再像以前一樣，已經不是可以讓孩子「放牛吃草」的時代。市面上充斥著許多讓家長擔心自己跟不上的用語和資訊，但我想每位家長都是很努力在教育自己的孩子。我覺得「大腦開發」和「智力開發」只要按照家長的想法進行就好，而且也需要做好這樣的認知：**即使有哪個部分沒做到，或是做了發現不適合孩子，也不會因此造成「無法挽回的結果」。**（S.T／女性58歲／心理臨床師／兒子22歲、女兒19歲、女兒16歲）

● **我自己看了早期教育的宣傳廣告，也覺得讓孩子提早接觸比較好。**不過，有關育兒，卻也有很多反證提醒我「雖然坊間認為如果不提早接受教育，孩子的發展就不如人」，話說回來「有哪個諾貝爾得主曾接受早期菁英教育呢？幾乎一個也沒有吧」，還有「孩子的工作就是玩！」「我和先生也沒有提早接受教育，但後來在社會上也發展得還可以」。（Naomaru／女性43歲／臨床心理師／兒子1歲）

● 我也會買智力開發玩具給孩子，只要孩子玩得開心就足夠。老實說，我覺得愈是被大腦開發和智力開發牽著鼻子走，消耗的時間和金錢也愈多。**我認為最重要的是利用這段時間和孩子建立信賴關係。**所以我抱著一魚兩吃的想法，到百元商店買了五十音的圖表回來，貼在浴室裡，和孩子洗澡的時候邊洗邊讀。拜這點所賜，孩子的語言能力發展得蠻快的（我自己覺得啦）。（Noshinnohe／男性38歲／社會心理學家／女兒2歲．0歲1個月）

婦幼館167

最高教養法

認知心理專家
教你把握孩子發育關鍵期

國家圖書館出版品預行編目(CIP)資料

最高教養法：認知心理專家教你把握孩子發育關鍵期 / 杉山崇著；藍嘉楹譯. -- 初版. -- 新北市：世茂, 2019.02
面； 公分. --（婦幼館；167）
ISBN 978-957-8799-64-6(平裝)
1.育兒 2.家庭教育

428 107022373

作　　者　杉山崇
譯　　者　藍嘉楹
插　　畫　佐藤香苗
主　　編　陳文君
責任編輯　李芸
出 版 者　世茂出版有限公司
地　　址　（231）新北市新店區民生路19號5樓
電　　話　（02）2218-3277
傳　　真　（02）2218-3239（訂書專線）（02）2218-7539
劃撥帳號　19911841
戶　　名　世茂出版有限公司
世茂網站　www.coolbooks.com.tw
排版製版　辰皓國際出版製作有限公司
印　　刷　祥新印刷股份有限公司
初版一刷　2019年2月

I S B N　978-957-8799-64-6
定　　價　300元